H

Karl Gerhard Baur, Baureihe 101

Das glatte, aber dennoch markante Gesicht der neuen Bahn – Stirnfront der Baureihe 101

Karl Gerhard Baur

Baureihe 101

Die neuen Lokomotiv-Stars der Deutschen Bahn

GeraMond

Titelbild:	Mit einem aus SBB-Wagen gebildeten EuroCity am Haken verläßt die 101 021 Mannheim (Foto: Baur)
Abbildung Vorsatz:	Die Lokomotiven der Baureihe 101 sind nicht nur im IC/EC-Verkehr zu finden, auch die Bespannung von InterRegios gehört zu den täglichen Aufgaben dieser Fahrzeuge. Am 31. August 1998 hat die 101 087 den IR 2474 am Haken (Foto: Wilhelm)
Abbildung Nachsatz:	Einsatzbereit stehen die 101 086 und 101 088 vor der modernen Fahrzeughalle ihres Heimatbetriebshofes Hamburg-Eidelstedt (Foto: Baur)

CIP-Einheitsaufnahme
Baureihe 101
Die neuen Lokomotiv-Stars der Deutschen Bahn
Karl Gerhard Baur. – 1. Auflage
München: GeraMond Verlag, 1999
ISBN 3-932785-43-6
NE: Baur, Karl Gerhard

ISBN 3-932785-43-6

1. Auflage 1999

Lektorat: Rudolf Heym
Layout: Simone Hopf
Herstellung: Bodo Jaster
Druck: Graphische Betriebe Eberl GmbH, Immenstadt
Printed in Germany

Vorwort

Für einen Eisenbahnverkehr auf hochbelasteten Strecken bietet der elektrische Antrieb der Züge die günstigsten Voraussetzungen. Dies gilt für schnelle Reisezüge gleichermaßen wie für schwere Güterzüge und den dichten Nahverkehr in Ballungsräumen. Bemerkenswerterweise verging mit ziemlich genau einhundert Jahren seit der ersten Fahrt einer elektrischen Lokomotive bis zur technischen Perfektion dieser Antriebstechnik in Form der modernen Drehstromtechnik ein ungewöhnlich langer Zeitraum. Die ständige Weiterentwicklung der elektrischen Traktion neigt sich heute allerdings einem absehbaren Ende und einer gewissen technischen Vollendung zu.
Hatte die Dampflokomotive spätestens in den fünfziger Jahren das Ende ihrer Entwicklung erreicht, in wesentlichen Einzelheiten sogar schon Jahrzehnte zuvor, so stoßen heute Diesel- und elektrische Lokomotiven an die Grenzen der technischen Möglichkeiten, und ebenso an die Grenzen der für den Eisenbahnverkehr überhaupt erforderlichen Eigenschaften. Leistungsfähigere Diesellokomotiven als heute weit verbreitet werden speziell bei der Deutschen Bahn wegen der sehr weit fortgeschrittenen Elektrifizierung überhaupt nicht mehr benötigt, und auch bei den neuen elektrischen Lokomotiven und Triebzügen erfüllen die technischen Möglichkeiten inzwischen nahezu alle Anforderungen des Eisenbahnbetriebes.
Speziell für den hochwertigen und schnellen Reiseverkehr sind seit einigen Jahren durch die neuen Triebzüge Entwicklungen in Gang gekommen, welche gerade Schnellzuglokomotiven nach und nach entbehrlich werden lassen, und so ist die Vorhersage einigermaßen wahrscheinlich, daß die Baureihe 101, der Gegenstand dieses Buches, die letzte für die Deutsche Bahn konstruierte und bestellte Schnellzuglokomotive sein wird.
An wen wendet sich ein Buch über diese neue Schnellzuglokomotiven der Deutschen Bahn? Es gibt viele Menschen, welche über die meiste Zeit ihres Lebens keinerlei Kontakt zur Eisenbahn haben, und deren Vorstellungen über dieses heute wieder zunehmend in das allgemeine Interesse rückende Verkehrsmittel eher rudimentär sind. Andere Menschen benutzen die Eisenbahn, häufig sogar regelmäßig, dies allerdings eher leidenschaftslos und aus reiner Zweckmäßigkeit. Sollte durch ein Buch über Lokomotiven deren Interesse, und sei es auch nur in bescheidenem Maße, geweckt werden und der Benutzung der Bahn über den eigentlichen Transport hinaus hierdurch ein positiver Aspekt hinzugefügt werden können, so wäre dies für den Autor ein großer Gewinn.
Und natürlich gibt es Menschen, welche im Verkehrsmittel Eisenbahn, ob sie dieses nun häufig oder nur selten benutzen, eine Faszination entdecken, in welcher sie Freude und Bereicherung finden. Hier wird der Leserkreis dieses Buches zu suchen sein, denn was fasziniert an der Bahn mehr als ihre Lokomotiven, noch dazu gerade die Schnellzuglokomotiven, welche immer ein herausragendes Interesse vor allen anderen beansprucht haben, selbst wenn man diese heute von anderen kaum noch unterscheiden kann ? Allen diesen Lesern wünsche ich Freude und Gewinn bei der Lektüre. Wenn dann schließlich dieses Buch auch bei Leuten vom Fach und Eisenbahnern selbst einigen Anklang finden würde, so wäre mir dies natürlich eine ganz besondere Freude.

Gewidmet ist dieses Buch meinem lieben Freund Wolfgang Irmen, Lokführer im Bahnbetriebswerk Mannheim, der wie kein anderer für meine Liebe und Begeisterung zur Eisenbahn Verständnis zeigte und mir stets ein treuer Ratgeber und Helfer war. Seit fast 45 Jahren ist er im Dienst der Deutschen Bahn und konnte so im Laufe seines langen Berufslebens, begonnen auf den Dampfloks der Baureihen 94 und 38 bis hin zu den modernen 101 und 152,

Lokomotiven bedienen, deren Enstehung sich über einen Zeitraum von nunmehr 90 Jahren erstreckt. Auch wenn er heute als Lokbetriebsinspektor regelmäßig auf den neuen Maschinen der Baureihen 101 und 152 fährt, so hat er sich in besonderem Maße ein Herz für die Dampflokomotiven und die Tradition bewahrt.
Mein ganz besonderer Dank gilt Herrn Rolf Gammert, Projektleiter für die Baureihe 101 im Hause Adtranz, welcher die Idee, ein Buch über die gerade im Bau befindliche Lok zu schreiben, von Anbeginn unterstützte und mir jede notwendige Hilfe zusagte und diese organisierte. Im einzelnen haben mich aus Mannheim Herr Walter Hammer durch technische Beratung und Überlassung von Literatur sowie Frau Siegrid Mrozeck mit der Beschaffung vieler Bilder sehr unterstützt. Im Kasseler Adtranz-Werk konnte ich durch die sehr freundliche Unterstützung von Herrn Albrecht Teich besonders interessante Eindrücke sammeln und vieles über die Lok besser verstehen.
Herrn Karl Heinz Buchholz bin ich für eine kritische Durchsicht des Manuskriptes sehr dankbar. Frau Silke Schrader hat mir mit der Besorgung weiterer Fotos und Unterlagen freundlichst geholfen. In Hamburg unterstützten mich Herr Hans-Josef Würtz von der DB sowie die Herren Ludwig Unger und Andreas König aus dem Adtranz-Team auf das freundlichste.
Herrn Armin Stoyke, Leiter Zugförderung Reise & Touristik der Deutschen Bahn, verdanke ich wertvolle Informationen über den Einsatz und die Bewährung der 101.
Dank gilt auch der Gewerkschaft Deutscher Lokomotivführer für die Erlaubnis zur Wiedergabe technischer Zeichnungen aus der Schrift „Drehstromlokomotive Baureihe 101".

Ludwigshafen, im Februar 1999

Karl Gerhard Baur

Inhalt

Neue Lokomotiven für die Deutsche Bahn

Um im hart umkämpften Verkehrsmarkt für Reisende und Güter bestehen zu können, genauer noch gesagt, um längst verlorene Marktanteile wieder zurückzugewinnen, benötigt die Deutsche Bahn zeitgemäße, das heißt technisch moderne, zuverlässige und kostengünstige Produktionsmittel. Lokomotiven für die verschiedenen Traktionsaufgaben spielen hierbei eine herausragende Rolle, und gerade auf diesem Gebiet ist die Deutsche Bahn für die Aufgaben der Zukunft besonders schlecht gerüstet. Als zeitgemäße Triebfahrzeuge kann man nämlich allenfalls die 60 Lokomotiven der Baureihe 120 sowie die insgesamt etwas über 160 Triebköpfe der ICE-Züge ansprechen.
Diese Triebköpfe, welche im lexikalischen Sinne ebenfalls Lokomotiven sind, können in diese Betrachtung mit einbezogen werden, denn der Definition gemäß sind Lokomotiven Schienenfahrzeuge mit Antriebsanlage, welche als Zugmittel für antriebslose Fahrzeuge dienen und keine Aufnahmemöglichkeit für Nutzlast haben.
Weit weniger als nur zehn Prozent der Triebfahrzeuge der Deutschen Bahn genügen also modernsten Ansprüchen, woraus sich ein akuter und vordringlicher Erneuerungsbedarf für Triebfahrzeuge herleitet.

Der Park elektrischer Triebfahrzeuge der Deutschen Bahn ist in hohem Maße überaltert, da zumindest im marktwirtschaftlich orientierten Westen der Republik über Jahrzehnte Investitionen in das Eisenbahnwesen aus Geldmangel und wegen anderer politischer Zielsetzungen vernachlässigt und der Straßenverkehr zum Transport von Personen und Gütern von Politik und Gesellschaft einseitig begünstigt wurden. Im dirigistisch verwalteten Osten hingegen war die Eisenbahn stets den politischen Zielen des herrschenden Systems untergeordnet und somit ein gewichtiger Wirtschaftsfaktor geblieben, welcher nicht in gleichem Maße wie im Westen vernachlässigt werden konnte. Dennoch besitzt auch die aus dem Zusammenschluß beider deutscher Bahnen hervorgegangene Deutsche Bahn AG weitgehend veraltete und modernen Anforderungen kaum mehr gewachsene Triebfahrzeuge.

Elektrische Lokomotiven im Durchschnitt 25 Jahre alt

Die Baureihen mit dem höchsten Durchschnittsalter, die sogenannten Einheitslokomotiven der fünfziger Jahre, sind bei Erscheinen

Bauzeit, Durchschnittsalter und Stückzahl der elektrischen Lokomotiven der DB (Stand 31.12.97)

Baureihe 1)	103	110	111	112	113	120	139	140	141	143	150	151	155	180	181
Baujahre	70–74	56–69	74–83	90–94	2)	87–89	2)	57–73	56–70	84–88	57–73	72–77	74–84	88-91	74–75
mittl. Alter	25	35	19	5	35	10	36	34	36	10	33	23	17	7	24
Stückzahl	129	374	226	128	11	60	47	792	379	635	168	169	268	20	26

Summe 3432 Lokomotiven, 85 599 Lokjahre, mittleres Alter 24,94 Jahre

1) Die ICE-Triebköpfe sind in dieser Tabelle nicht berücksichtigt
2) Entspricht den Baujahren der Serienloks, da aus diesen Serien entnommen

Frankfurt (Main) Hbf im Mai 1965: Die E 10 001 markiert den Beginn der Ära der elektrischen Einheitslokomotiven der Deutschen Bundesbahn. 1999 beträgt das Durchschnittsalter bei den Elloks 25 Jahre

dieses Buches bei der DB noch in der weitaus größten Stückzahl vertreten, so daß sich über alle Lokomotiven ein mittleres Alter von mehr als 24,9 Jahren ergibt. Es ist zu bedenken, daß heute auch noch die ältesten Exemplare dieser Baureihen ihren täglichen Dienst tun, so daß viele der Lokomotiven der DB mit einem Alter von inzwischen bis zu vierzig Jahren und teilweise sogar mehr ihre wirtschaftliche Nutzungszeit weit überschritten haben. Die Konstruktion einer Lokomotivbaureihe und somit deren technischer Stand ist im Grundsatz immer nochmals mehrere Jahre älter als deren älteste Exemplare. Fast der gesamte Lokomotivpark der DB spiegelt also Konstruktionsprinzipien der fünfziger Jahre wieder und ist somit alles andere als zeitgemäß. Man stelle sich vor, ein modernes Wirtschaftsunternehmen müsse seine Produktion mit Maschinen und Einrichtungen erbringen, welche durchweg kaum mehr zeitgemäß sind, und dies gegen härteste Konkurrenz einer Branche, welche in immer kürzeren Zeiträumen auf den modernsten Stand der Technik gebracht wird.
Auch die ältesten Exemplare der deutschen Elloks verrichten noch, wie man täglich vielerorts sehen kann, redlich ihre Arbeit, dies allerdings mit deutlich verminderter Zuverlässigkeit und wegen des erhöhten Wartungsaufwandes ebenso deutlich erhöhten Kosten. Hierin liegt die Notwendigkeit ihres raschen Ersatzes durch moderne Lokomotiven im wesentlichen begründet.
Waren die Einheitsloks der fünfziger Jahre einstmals modernste Konstruktionen mit allen Vorteilen einer weitgehenden Vereinheitlichung, welche im Westen Deutschlands den Strukturwandel im Zugförderungsdienst zu Stande brachten – also die endgültige Ablösung der Dampflok nach mehr als 120jähriger fast ausschließlicher Dominanz – so wurden sie inzwischen längst vom technischen Fortschritt, in erster Linie durch die moderne Drehstromtechnik überholt.

München Hbf, 3. Oktober 1970: Die 103 109 hat den TEE 21 „Rheinpfeil" am Haken. 13.05 Uhr ist Abfahrt, 21.06 Uhr wird der Zug in Dortmund sein

Der kaum je vorhersehbare Zusammenschluß beider deutscher Bahnen als Folge der ebensowenig vorhersehbaren deutschen Wiedervereinigung brachte zwar eine merkliche Verjüngung des Parks elektrischer Triebfahrzeuge durch die noch relativ neuen Lokomotiven der Deutschen Reichsbahn, welche in die neu gegründete Deutsche Bahn mit eingebracht wurden, im wesentlichen der in großen Stückzahlen erbauten Baureihen 143 und 155. Da die Dampftraktion, vorwiegend aus wirtschaftlichen Gründen in der DDR zur Freude ungezählter Eisenbahnfreunde deutlich längeren Bestand hatte als im Westen, begann dort der Bau elektrischer Lokomotiven in größeren Bauserien einfach später. Die sehr erwünschte Verjüngung des Lokomotivparks der neuen DB ging allerdings nicht einher mit der ebenso wünschenswerten Modernisierung, denn die durch die Reichsbahn eingebrachten Triebfahrzeuge stellten trotz ihrer späteren Entstehung kaum einen neueren und fortschrittlicheren Stand der Technik dar, als die altbekannten Lokomotiven der Deutschen Bundesbahn. Zwar waren auch hier nach den Typen E 10 und E 50 der Einheitsloks nochmals die modernisierte Nachfolgebaureihen 111 und 151 in nennenswerten Stückzahlen beschafft worden, an der Tatsache aber, daß alle diese Loks praktisch den technischen Stand der fünfziger Jahre repräsentieren, änderten weder dieser Nachbau noch die in die vereinigte Bahn eingebrachten merklich jüngeren Lokomotiven der Deutschen Reichsbahn etwas.

Wesentliches technisches Merkmal aller älterer Lokomotiven sind der Reihenschlußmotor mit Kommutator sowie das Schaltwerk zum Abgriff der an die Motoren anzulegenden Spannung am Transformator, unwichtig ob dieses nun hochspannungsseitig oder niedersspannungsseitig arbeitet. Außer mit einem mechanischen Schaltwerk sind alle älteren Elloks mit einer großen Zahl weiterer mechanischer Schalteinrichtungen, wie Trennschütze, Last-

Sie war von den Einheits-Elloks zweifellos die Schönste: Die 110 mit der sogenannten Bügelfalte. Aufnahme der 110 453 bei Zwingenberg am Ufer des Neckar

schalter, Richtungswender oder Fahr-Bremswender ausgerüstet.

Alle diese Einrichtungen sind, wie in ganz besonderem Maße der Kommutator an den Motoren, dem Verschleiß unterworfen, so daß diese Loks mit fortgeschrittenem Alter und fortgeschrittener Abnutzung erheblichen Wartungsaufwandes bei häufig dennoch nicht mehr ausreichender Zuverlässigkeit bedürfen. Ist zudem die Beanspruchung solcher Loks, wie bei der im IC-Dienst hoch belasteten Baureihe 103, besonders groß, so kann hieraus eine regelrechte Zuverlässigkeitskrise entstehen, mit bekannten Nachteilen für den Betriebsdienst, ebenso wie für die Kunden der Bahn.

Technischer Fortschritt entwickelt sich meist stetig und langsam, gelegentlich aber auch schubweise und geradezu revolutionär. Der stetige Fortschritt der Elektrotechnik wurde, wo immer möglich, in die über längere Zeit gebauten Lokomotivbaureihen übernommen oder in den modernisierten Nachfolgebaureihen realisiert. Beispiele hierfür sind der Ersatz der Lastschalter durch Thyristoren oder auch der Entfall des gesamten Schaltwerkes durch die Phasenanschnittsteuerung, wie in Deutschland bei der Baureihe 181 realisiert, welche als Zweifrequenzlok heute überwiegend den grenzüberschreitenden Verkehr nach Frankreich bedient. Letztere Loks werden häufig nicht ganz korrekt und vereinfachend als Thyristorloks bezeichnet. Es ist bemerkenswert, daß diese Technik im Lokomotivbau in Deutschland nur wenig Verbreitung gefunden hat und daß ihre Anwendung praktisch auf die Baureihe 181 und auf die S-Bahn-Triebwagen der Baureihe 420 begrenzt geblieben ist. In unserem Nachbarland Österreich dagegen wird der ganz überwiegende Teil der Verkehrsleistungen der Eisenbahn heute durch die nach anfänglichen Schwierigkeiten heute bestens bewährte Thyristorlok 1044 erbracht.

Elektromechanik wurde zwar im Rahmen der Fortentwicklung elektrischer Lokomotiven und Triebwagen wo möglich durch elektronische Bauteile ersetzt, ohne allerdings den endgültigen Durchbruch in der Perfektion des elektrischen Antriebes zu erreichen. Durch die geradezu stürmisch verlaufene Entwicklung der Halbleiter, nach und nach auch für große Leistungen, erfolgte dieser Durchbruch schließlich mit der Einführung der Drehstromtechnik in den Bau elektrischer Lokomotiven, einer Entwicklung, am besten vielleicht vergleichbar mit dem Ersatz der Propellerflugzeuge in der Luftfahrt durch die modernen Jets.

Ein Kompromiß mit der 112

Wie schwierig und langwierig es dennoch ist, völlig neue Konzepte in produktionsreife Konstruktionen umzusetzen, zeigt das Beispiel der Baureihe 112 (neu), auf welche hier noch kurz eingegangen werden soll. Im Westen Deutschlands waren alle 60 Serienloks der Baureihe 120 in moderner Drehstromtechnik längst ausgeliefert und nach Überwindung einiger Probleme bei guter Bewährung im täglichen Einsatz, als im Osten nochmals neue Lokomotiven in herkömmlicher Bauart mit Kommutatormotoren und Stufenschaltwerk, wenn auch bereits mit Thyristorstellern für das Überschalten, in großer Stückzahl gebaut wurden.

Der Wunsch nach einer Heraufsetzung der bei der Deutschen Reichsbahn möglichen Höchstgeschwindigkeit von 120 km/h auf zeitgemäße 160 km/h führte zu einer Weiterentwicklung der sehr gebrauchstüchtigen Lok der Baureihe 143 zur neuen Baureihe 112, von welcher die DR nach dem Bau einer Musterlokomotive im Jahr 1990 insgesamt 39 Exemplare beim VEB Lokomotivbau-Elektrotechnische-Werke „Hans Beimler" in Hennigsdorf bestellte. Die Auslieferung dieser weitgehend konventionellen elektrischen Lokomotive war bereits 1991 abgeschlossen. An eine zeitgemäße Lok konnten die Ingenieure in Hennigsdorf aber trotz fortgeschrittener Technologie im Westen noch nicht denken, da sowohl das nötige know how hierfür als auch die benötigten Halbleiter fehlten und in überschaubarer Zeit nicht zu erwerben waren.

Nach der deutschen Wiedervereinigung, aber noch lange vor der Vereinigung beider deutscher Bahnen, wurden in Hennigsdorf nochmals 90 Loks der Baureihe 112 bestellt, von denen je die Hälfte für die beiden damals noch getrennten Bahnen vorgesehen war. Diese Bestellung war eine politische Maßnahme zur Arbeitsbeschaffung und zur Rettung des Werkes Hennigsdorf vor dem drohenden Untergang. Auf solche Weise gelangte die ehemalige Deutsche Bundesbahn noch im Jahre 1992 und danach in den Besitz zwar gebrauchstüchtiger und leistungsfähiger, aber konzeptionell eben bereits überholter Lokomotiven. Für die deutsche Eisenbahnindustrie aber hatte der durch die Beschaffung weiterer Loks der Baureihe 112 ermöglichte Fortbestand des Werkes Hennigsdorf gewichtige Auswirkungen.

Kehren wir kurz zurück zum Ausgangspunkt dieser Betrachtung: Hohes Alter der allermei-

Anforderungen an eine moderne Ellok

- vier Radsätze, maximales Gewicht 88 Tonnen
- Drehstromtechnik für Antrieb und Umrichter, GTO-Technik
- Energierückgewinnung beim Bremsen
- Minimierung verschleißbehafteter Schaltkontakte
- Drehgestell mit geringstmöglichen Gleiskräften
- Verschleißarme Konstruktion in allen Details
- Geringer Energieverbrauch
- Hohe Zuverlässigkeit, hohe Verfügbarkeit bei niedrigstem Wartungsaufwand
- Hohe mittlere störungsfreie Fahrleistung
- Modularer Aufbau, Anpassungsfähigkeit an zukünftige Entwicklungen
- Weiterbetrieb im Störungsfall mit reduzierter Leistung, Redundanz
- Bestmögliche Zugkraftübertragung
- Effektives Diagnosesystem für Lokführer und Werkstatt
- Umweltfreundliche Kühlmittel
- Günstige Möglichkeit zum Recycling am Ende der Nutzungszeit
- Niedrige life cycle costs
- Niedriger Beschaffungspreis

Selbstverständlich gelten die Anforderungen für alle neuen elektrisch angetriebene Fahrzeuge, wie ICE 3, ICT oder moderne S-Bahntriebwagen sinngemäß.

Im Januar 1980 begegnen sich im Hauptbahnhof Frankfurt (Main) die 103 206 und die 110 173 im alten blauen Lack und mit den großen Laternen

Die 112 023 der Deutschen Reichsbahn – eine tüchtige Lok, aber eben auch eine in klassischer Technik. Das Bild zeigt sie neben der 180 001 im Hauptbahnhof von Dresden

Vergleich wichtiger Parameter der neuen Lokomotivbaureihen der DB

Baureihe		101	145	152
Hersteller		Adtranz	Adtranz	Krauss M.-Siemens
Stückzahl		145	80	195
Option		-	400	100
Dauerleistung	kW	6400	4200	6400
V max	km/h	220	140	140
Zugkraft Anfahrt	kN	300	300	300
Zugkraft bei V max	kN	104	108	164
Gewicht	t	84	80	87
Länge über Puffer	mm	19 100	18 900	19 580
Radstand im Drehgestell	mm	2650	2600	3000
Kraftübertragung		Zugstange	Zugstange	Drehzapfen
Antrieb		gefedert	Tatzlager	Tatzlager
Trafoleistung	kVA	7600	5600	7720
Kühlmittel		Ester	Ester	Ester und Wasser
Hilfsbetriebe-Umrichter	kVA	3 x 90	2 x 120	2 x 2 x 80
zentrale Steuergeräte		2	2	2
Antriebs-Steuergeräte		4	2	4
Lieferzeitraum		(1996) 1997–1999	(1997) 1999–2000	(1997) 1998–2001

Gemeinsame Merkmale: Spurweite, Fahrdrahtspannung, Scheibenbremsen, Druckschutz, Mehrfach-und Wendezugsteuerung, LZB 80, Indusi 80.

Im Juli 1998 wurde die Option für weitere 400 Fahrzeuge der BR 145 durch die DB bei Adtranz eingelöst. Allerdings werden die Loks ab dem Jahr 2001 als Baureihe 185 in stark veränderter Form mit 50 Exemplaren pro Jahr geliefert. Heute schon als Europalok bezeichnet, wird die Baureihe 185 in verschiedenen Varianten als Mehrfrequenzlok gebaut und damit der weiteren Verflechtung der nationalen Bahnen Rechnung tragen können.

sten und konzeptionelle Rückständigkeit der noch jüngeren Triebfahrzeuge der Deutschen Bahn erzwingen aus wirtschaftlichen Gründen eine rasche und möglichst weitgehende Erneuerung des Triebfahrzeugparks.

Ganz neue Entwicklungen, wie Triebwagenzüge im schnellen Reisezugdienst, CargoSprinter oder eine ganze Palette leichter und schneller Nahverkehrszüge, zeichnen sich schon ab, solange noch Lokomotiven von vorgestern die wesentliche Arbeit auf deutschen Schienen verrichten müssen.

Da Straßenverkehr und Luftfahrt vielfach ihre Grenzen erreicht haben und die Umweltfreundlichkeit der Eisenbahn vermehrt in das Bewußtsein von Bevölkerung und Politiker gedrungen sind, erlebt das alte Verkehrsmittel Eisenbahn in vielen Ländern der Erde eine vor einigen Jahren noch kaum erwartete Renaissance. In Deutschland ist ein außerordentlich bemerkenswerter Ausbau des Eisenbahnwesens mit Neubaustrecken, InterCityExpresszügen und einer völligen Neuordnung des Nahverkehrs in Gang gekommen.

Um im schnellen Reiseverkehr und dem derzeit lahmenden Güterverkehr auch in Zukunft am Markt bestehen zu können, hat die Deutsche Bahn nach vielen Jahren der Stagnation 1993 erstmals wieder elektrische Lokomotiven in großer Stückzahl ausgeschrieben und danach bei der Industrie bestellt. Diese Lokomotiven in den drei verschiedenen Baureihen 101, 145, 152 stellen einen Generationswechsel in der elektrischen Zugförderung der Deutschen Bahn dar und erfüllen selbstverständlich alle dem heutigen Stand der Technik entsprechende Anforderungen an eine moderne elektrische Lokomotive.

Von der DE 2500 zur Baureihe 120

Die Elektrifizierung der Eisenbahnlinien nahm mit Gleichstrom ihren Anfang. Schon bald nach der Erfindung des Drehstromasynchronmotors im Jahre 1885 versuchte man diesen und die Drehstromtechnik im Bahnbetrieb einzusetzen, versprach der Drehstrommotor doch einige für den Antrieb von Lokomotiven höchst vorteilhafte Eigenschaften, wie einfache Bauweise, niedriges Gewicht und durch den Entfall des Kommutators weitgehende Wartungsfreiheit. Auch war die Möglichkeit, die Spannung des Wechselstroms beliebig zu transformieren, von größtem Vorteil.

Bereits 1899 wurde zwischen Burgdorf und Thun in der Schweiz die erste mit Drehstrom von 750 Volt bei 42 Hertz elektrifizierte Vollbahnlinie in Betrieb genommen. Mehrere Bergbahnen in der Schweiz folgten in raschem Abstand, einige davon sind diesem Stromsystem bis heute treu geblieben, wobei die typischen Nachteile des Drehstromsystems der Frühzeit gerade für Bergbahnen nur von untergeordneter Bedeutung waren – und es auch heute noch gleichermaßen sind.

Die spektakulären Hochgeschwindigkeitsfahrten aus dem Jahre 1903 auf der Militärbahn Marienfelde – Zossen gelangen mit Drehstrom und Asynchronfahrmotoren und brachten weltweit Kunde von der modernen Technik.

In Norditalien entwickelte sich ein umfangreiches mit Drehstrom elektrifiziertes Bahnnetz mit insgesamt etwa 600 eingesetzten Lokomotiven, welches teilweise noch bis in das Jahr 1976 Bestand hatte. Die mit der Elektrifizierung der Bahnen mittels Drehstrom verbundenen Nachteile überwogen aber dessen unbestreitbare Vorteile bei weitem, so daß das System trotz der einfachen und gerade für den Bahnbetrieb bestens geeigneten Motoren sich nicht allgemein durchsetzen konnte. Die erforderliche zweipolige Fahrleitung, die dritte Phase ist die Schiene und die Erde, komplizierte und verteuerte die Zufuhr der elektrischen Energie zu den Triebfahrzeugen nachhaltig und war im Grunde nur für einfachere Anlagen geeignet. Der Drehstromasynchronmotor hat zusätzlich den für den Bahnbetrieb schwerwiegenden Nachteil, daß seine Drehzahl fest an die Frequenz des Wechselstroms gebunden ist und deshalb nicht auf einfache Weise verändert werden kann. Nur bestimmte, durch die Polzahl der Motoren vorgegebene Drehzahlen sind möglich, und so ist die Geschwindigkeit der mit solchen Motoren ausgerüsteten Eisenbahnfahrzeuge nur in begrenztem Maße regelbar, ein für heutige Verhältnisse kaum vorstellbarer Nachteil.

In Ungarn und Frankreich durchgeführte Entwicklungen zur Umwandlung von Einphasenwechselstrom in Drehstrom variabler Frequenz und Spannung mit mechanischen rotierenden Umformern führten aus naheliegenden Gründen nicht zu einem dauerhaften Erfolg. Die Lösung des Problems brachte erst die Entwicklung leistungsfähiger Halbleiter, welche eine statische, von mechanischen Elementen freie Umformung der elektrischen Energie von der für die Energiezufuhr zum Fahrzeug optimalen Form in die für die Fahrmotoren best geeignete Form ermöglichten.

Der Sprung nach vorn

Das Jahr 1971 und der Firmenname Brown Boveri & Cie. (BBC) gemeinsam mit Rheinstahl-Henschel wird in die Geschichte des Baus elektrischer Lokomotiven eingehen. Was lange von Eisenbahnindustrie und Betreibern von elektrischen Bahnen ersehnt war, begann damals Wirklichkeit zu werden: Die Vorteile des Drehstromasynchronmotors mit den Vorteilen der einphasigen Fahrleitung zu verbinden und gleichzeitig Drehzahl und Drehmoment des Motors auf einfache Weise frei regeln zu können. Aus Einphasenwechselspannung oder auch aus Gleichspannung eine Dreiphasen-

Vorteile des Drehstromasynchronmotors

- Geringes Gewicht, kleine Abmessungen
- Verschleißarm, da kein Kollektor
- Hohe Drehzahlen möglich
- Hohe Zugkraft über den gesamten Geschwindigkeitsbereich
- Universeller Einsatz für alle Zuggattungen
- Günstiges Anfahrverhalten, gleichförmiges Drehmoment
- Volles Drehmoment im Stillstand, problemloses Anfahren
- Leistungsfähige elektrische Bremse bis zum Stillstand
- Einfache Realisierung der Nutzbremse
- Optimale Ausnutzung des Reibwertes

wechselspannung variabler Spannung und variabler Frequenz erzeugen zu können – hierin lag der Schlüssel zum Bau der idealen elektrischen Lokomotive. Diese Technik begann im Jahr 1971 ihre erfolgreiche Entwicklung.

Im Sommer 1971 wurde im Bahnbetriebswerk Mannheim eine bemerkenswerte, mit einer seitlichen Anschrift als Henschel BBC DE 2500 gekennzeichnete Lokomotive, in Betrieb genommen, nachdem diese kurz zuvor auf der Hannover Messe erstmals der Öffentlichkeit vorgestellt worden war. DE bedeutete dieselelektrisch und die Zahl 2500 zeigte die Leistung des Dieselmotors an, welche damals, vor der verbindlichen und gesetzlich vorgeschriebenen Anwendung der SI-Einheiten noch in PS angegeben wurde.

Diese Lokomotive war ein von den beiden Herstellerfirmen finanzierter Forschungs- und Entwicklungsträger, welcher nach wenigen Jahren den Bau elektrischer Lokomotiven weltweit revolutionieren sollte. Zwei Jahre später folgten noch zwei weitere, ebenfalls von den Herstellerfirmen auf eigene Rechnung gebaute, sehr ähnliche Lokomotiven nach, welche wiederum im Bahnbetriebswerk Mannheim beheimatet wurden. Diese drei Versuchsträger waren, nach vorhergegangenen längeren Entwicklungsarbeiten, die ersten Lokomotiven, welche mittels Umrichtertechnik nicht pulsierenden Drehstrom stufenlos variabler Spannung und Frequenz aus gleichgerichtetem Drehstrom erzeugen konnten und somit in der Lage waren, Zugkraft und Drehzahl eines Drehstromasynchronmotors und hierdurch Leistung und Geschwindigkeit der Lokomotive ohne Zwänge frei regeln zu können.

Erbaut wurden diese zunächst vorwiegend in der Fachwelt Aufsehen erregenden Lokomotiven im elektrischen Teil von Brown Boveri & Cie. in Mannheim, daher auch ihre Zuteilung zum nahegelegenen Bahnbetriebswerk Mannheim, sowie im mechanischen Teil von Rheinstahl-Henschel in Kassel. Das eigenartige und auf den ersten Blick wenig attraktive äußere Erscheinungsbild dieser Loks wies auf den experimentellen Charakter ebenso deutlich hin, wie der zwar sehr praktische und dennoch fast provisorisch wirkende Führerstand. Lediglich die Farbgebung der drei Lokomotiven war so auffällig, daß die zunächst vorwiegend im Neckartal, später jedoch auf allen anderen von Mannheim ausgehenden Strecken in einem eigenen Dienstplan eingesetzten Lokomotiven bei den Lokführern in Mannheim bald die Spitznamen „weißer Riese“, „roter Ochse“ und „blauer Bock“ entsprechend ihrer auffallenden Farben erhielten.

Bei der Deutschen Bundesbahn eingestellt, erhielten diese die Baureihenbezeichnung 202 mit den Serienummern 002, 003 und 004. Die Loks 002 (weiß) und 004 (blau) waren sechsachsig ausgeführt, die Lok 003 (rot) dagegen nur vierachsig. Der verglichen mit DB-Loks auffallend niedrige und schmalere Lokkasten war zum Einsatz der Loks auch auf den meisten Meterspurbahnen vorbereitet, wozu es natürlich eines Tausches der Drehgestelle bedurft hätte. Ein solcher Einsatz kam trotz des abwechslungsreichen Lebenslaufes der Lokomotiven allerdings nicht zustande.

Ebenso auffällig wie das gesamte Äußere der Loks waren deren einfache Drehgestelle, welche auf den ersten Blick die Größenunterschiede der Fahrmotoren und somit die Einfachheit und Leistungsfähigkeit von Drehstrommotoren deutlich erkennen ließen. Die Drehgestelle ohne Drehzapfen und mit einer Kraftübertragung durch Zug- respektive Druckstangen

Für den Pressefotografen haben 1973 die drei DE 2500 Aufstellung genommen. Selbst in ihrem Heimat-Bw Mannheim konnte man die Lokomotiven nie regulär in dieser Aufstellung gemeinsam sehen

Die 202 002, der „weiße Riese", auf ihrer Stammstrecke im Neckartal am Binauer Tunnel. Im Juni 1972 sind die Arbeiten zur Elektrifizierung im Gange

waren geradezu durchsichtig, so klein erschienen die Motoren, und sie glichen eher solchen eines Schnellzugwagens als denen einer leistungsfähigen elektrischen Lokomotive. Ein dreiachsiges Drehgestell der DE 2500 hatte ein Gewicht von nur 15 t, verglichen mit einem Gewicht von über 31 t bei der Baureihe 103! Wenn auch in der Leistung nicht direkt vergleichbar, so zeigen diese Daten doch die hohe Leistungsdichte der Drehstrommotoren sowie das niedrige Gewicht der bei den leichten Motoren und niedrigerer Geschwindigkeit anzuwendenden Tatzlagerantriebe. Vergleichbare Leistung wie in der 103 installiert, hätte ein Drehgestell mit etwa 18 t nicht wesentlich mehr als die Hälfte der damals leistungsfähigsten Lok der DB gewogen, was die mögliche gleisschonende Bauart elektrischer Antriebe mit Drehstrom-Asynchronmotoren nachhaltig unterstreicht.

202 002 direkt am Netz

Nach knapp zweijähriger Erprobung und Weiterentwicklung im Betrieb wurde die Lok 002 einem bemerkenswerten Umbau unterworfen, welcher sie dem eigentlichen Entwicklungsziel, einer mit Einphasenwechselstrom von 15 kV und 16 2/3 Hz gespeisten elektrischen Lokomotive schon sehr nahe brachte. Im Jahr 1973 wurde der Dieselmotor dieser Lok ausgebaut und durch Ballast ersetzt sowie die Stromversorgung direkt aus der Fahrleitung entnommen. Hierzu wurde die Lok fest mit einem DB-Steuerwagen gekuppelt, welcher einen Transformator enthielt und mit einem Stromabnehmer ausgerüstet war. Der Steuerwagen trug zur Information neugieriger Beobachter die seitliche Anschrift „Drehstromantrieb an 15 kV 16 2/3 Hz DB BBC".

Dieses recht eigentümliche Gefährt war der regelrechte Vorgänger der Baureihe 120 und somit einer ganzen Generation moderner Drehstromlokomotiven, in Deutschland über die Baureihe 120 und die ICE-Triebköpfe hin zu den Neubauloks für die Deutsche Bahn, darunter auch der Baureihe 101, dem Gegenstand dieses Buches.

Natürlich ist die Entwicklung und der Bau von modernen Drehstromlokomotiven nicht auf Deutschland beschränkt geblieben und schon bald nach den erfolgreichen Versuchen in Mannheim wurden die ersten kommerziellen Lokomotiven, zunächst für Rangierdienst und Industriebahnen gefertigt und höchst erfolgreich in Betrieb gesetzt. Nicht immer ist die Zuordnung einer technischen Großtat so eindeutig, wie die Entwicklung der modernen Drehstromlokomotive zur Firma Brown Boveri & Cie. in Mannheim, welche heute ein Teil der Adtranz-Gruppe ist.

Nachdem die 202 002 über ein Jahr in Verbindung mit dem Steuerwagen als besondere Variante einer elektrischen Lokomotive erprobt war, wurde die Lok nochmals einer Metamorphose unterzogen. Als regelrechte Elektrolok kam sie in Holland unter Gleichspannung von 1500 Volt in gelber Lackierung zum Einsatz, ein Transformator und somit der Steuerwagen waren hierzu natürlich nicht mehr erforderlich, wobei zur wissenschaftlichen Untersuchung der mit Drehstrommotoren erreichbaren Adhäsion die Lok nur mit einem Fahrmotor, welcher allerdings bereits eine Leistung von 1,6 MW erbrachte, betrieben wurde.

Mit der 202 003 in den Bereich bis 250 km/h

Auch die 202 003 diente einer wichtigen weiteren Entwicklung auf dem Wege zur modernen Hochleistungslokomotive. Als einzige vierachsige der drei Loks wurde sie ausgewählt als Erprobungsträger für Komponenten des sich in Entwicklung befindlichen ICE und wurde für diese Zwecke für Geschwindigkeiten bis zu 250 km/h hergerichtet. Auf einer Seite wurde die Lok für diese Aufgaben mit einem der 103 angenäherten stromlinienförmigen Kopf versehen und erhielt gleichzeitig einen recht futuristischen blau-silber gestreiften Anstrich. Zur seitlichen Anschrift Henschel BBC gesellten sich noch die Buchstaben UM AN, um auf ein weiteres Forschungsprojekt aufmerksam zu

Damit der Beobachter überhaupt verstand, welch sonderbares Gefährt ihm begegnete, trug der mit der DE 2500 verbundene Steuerwagen die Anschrift „Drehstromantrieb an 15 kv, 16 2/3 Hz DB-BBC"

Für ihren Aufenthalt in den Niederlanden erhielt die 202 002 den gelben Anstrich der NS. Unter der Nummer 1600 P wurde die Drehstromtechnik direkt an 1500 Volt Gleichspannung erprobt

Die 202 003, der „rote Ochse", überquert vor einem Güterzug die Rheinbrücke zwischen Ludwigshafen und Mannheim. Wir schreiben den 19. Juni 1976

Dafür war die E 03 im Grunde einmal konstruiert und gebaut worden: Leichte Züge mit hohem Tempo zu fördern. Die 103 101 mit dem Lufthansa-Expreß im September 1991

Die 202 004, der „blaue Bock“, auf ihrer letzten Fahrt im Oktober 1991 in das Landesmuseum für Arbeit und Technik in Mannheim

Eine Parade neuer Lokomotiven: Im AW Freimann stehen 1980 alle fünf Prototypen der Baureihe 120 für eine Pressefoto aufgereiht. Die 120 005 (zweite von rechts) weist eine rundere Stirnfront auf

machen: die Möglichkeit, die Antriebsmassen, bestehend aus Fahrmotor und Getriebe, in der Aufhängung zwischen Drehgestell und Fahrzeugkasten umzukoppeln und somit für optimales Verhalten bei hohen Geschwindigkeiten bei Geradeausfahrt einerseits und bei niedrigen Geschwindigkeiten in engen Bögen andererseits zu sorgen. Diese Umkopplung erfolgte durch pneumatisch angetriebene mechanische Elemente, welche im entkoppelten Zustand kraftfrei sind und im gekoppelten Zustand die Charakteristik einer gespannten Feder haben. Im von der 103 118 geschobenen Betrieb erreichte diese Lok regelmäßig Geschwindigkeiten von 250 km/h, auf dem Rollprüfstand in München sogar 310 km/h.

Nach Beendigung aller Versuche wurde die ungewöhnliche Hochgeschwindigkeitsverkleidung wieder entfernt und die Lok mit herkömmlichen Drehgestellen noch bis 1986 eingesetzt.

Entsprechend ihrer außerordentlichen Bedeutung für die Entwicklung moderner Lokomotiven sind alle drei Exemplare der DE 2500 erhalten geblieben.

- 202 002, Weißer Riese
  Adtranz Werk Kassel
- 202 003, Roter Ochse
  Deutsches Technikmuseum Berlin, wieder mit Verkleidung
- 202 004, Blauer Bock
  Landesmuseum für Arbeit und Technik Mannheim

Internationale Anerkennung

Es verdient auch in einem Buch über die Baureihe 101 der Erwähnung, daß die technische Großtat der Entwicklung des Drehstromantriebes für elektrische- und Diesellokomotiven durch die Verleihung des „Elmer A. Sperry Award" für das Jahr 1982 an acht Ingenieure

Der Prototyp des neuen Motors für die Baureihe 120 in der Mannheimer BBC-Versuchsanlage. Wie klein der Drehstrommotor im Vergleich zu den Bremsgeneratoren erscheint! 1,4 MW konnte er leisten

Lastenheft der 120 (5 Promille Reserve)

Reisezüge	700 t	160 km/h
Schnellgüterzüge	1500 t	100 km/h
Frachtenzüge	2200 t	80 km/h
Ganzzüge	2700 t	80 km/h
Ganzzüge	5700 t	80 km/h (Doppeltraktion)

der damaligen Firma BBC gewürdigt wurde. Diese hohe amerikanische Auszeichnung wird für hervoragende Leistungen auf dem Gebiet der Transporttechnik verliehen, allerdings nur sehr selten in das Ausland.
Die Namen der mit diesem Preis ausgezeichneten Männer sind:

- Jörg Brenneisen
- Ehrhard Futterlieb
- Joachim Körber
- Edmund Müller
- Reiner Nill
- Manfred Schulz
- Herbert Stemmler
- Werner Teich.

Der Weg zur 120

Die weitere Entwicklung hin zur Baureihe 120 verlief systematisch und auf das äußerste zielgerichtet. Die Leistung der in den Loks DE 2500 erprobten Motoren von je 375 kW entsprach bei weitem nicht den Erfordernissen einer Hochleistungslokomotive für den schnellen IC- und gleichermaßen für den schweren Güterverkehr mit einer angestrebten Leistung von 5,6 MW, respektive 1,4 MW je Fahrmotor, so daß Entwicklung und Erprobung eines dem Original weitgehend entsprechenden Fahrmotors vorrangiges weiteres Entwicklungsziel war.
Da die Meß- und Versuchsfahrten mit der auf den rein elektrischen Betrieb umgestellten DE 2500 (202 002) unter allen eisenbahntechnisch relevanten Vorgaben sehr erfolgreich verliefen, konnte bereits 1975 bei BBC in Mannheim eine Versuchsanlage aufgebaut werden. Diese bestand im Kern aus einem neuen Fahrmotor mit einer Leistung von 1,4 MW und einer zugehörigen, aus dem Fahrleitungsnetz einer am Werk vorbeiführenden DB-Strecke gespeisten Wechselrichteranlage.
Die bis 1976 mit diesem Motor auf dem Prüffeld gewonnenen Erkenntnisse lieferten die endgültigen Maßstäbe für die Dimensionierung des elektrischen Teils einer Hochleistungslok mit einer Leistung von 5,6 MW und einer Höchstgeschwindigkeit von 160 km/h. In einer Zeit von nur wenig mehr als fünf Jahren war der Weg zur modernen elektrischen Traktion vom ersten praxistauglichen Fahrzeug bis zum Abschluß der Komponentenentwicklung für die Baureihe 120 zurückgelegt worden.
Mitte des Jahres 1975 konnte auf Grund der positiven Ergebnisse aller Entwicklungsarbeiten unter Federführung des Bundesbahnzentralamtes München und unter Mitwirkung der zentralen Transportleitung und der Zentralstelle für das Werkstattwesen der DB ein Anforderungskatalog für eine neue Universallokomotive mit Drehstromantriebstechnik erstellt werden. Höheren absehbaren Investitionskosten solch einer Lokomotive stand eine universelle Einsatzfähigkeit und somit eine Verminderung der Loktypen und auch der benötigten Stückzahlen gegenüber, so daß eine Rationalisierung im Einsatz der Fahrzeuge möglich werden mußte.
Hatte man sich eine Universallokomotive und eine Vereinfachung des Triebfahrzeugparkes sowie des zu seiner Unterhaltung notwendigen Werkstattwesens nicht immer schon gewünscht? Die neue Lokomotivbaureihe 120 sollte bei einem maximalen Gewicht von 84 t und einer installierten Leistung von 5,6 MW in der Lage sein, gleichermaßen schnelle InterCityzüge wie schwerste Güterzüge zu befördern und so die Leistungen aller bisheriger DB-Loks zu übernehmen.
1976 wurde die Entwicklung des mechanischen Teils der neuen Lokomotive an ein Konsortium aus den Firmen Krauss-Maffei, Krupp und Thyssen-Henschel unter der Federführung von Krauss-Maffei übertragen sowie für den elektrischen Teil der Lokomotiven

In ihrer ursprünglichen Farbgebung war die Baureihe 120 schön und auffallend. Die 120 001 in einer Aufnahme aus dem Jahre 1979 im Bahnhof Ulm

In Nürnberg begrüßen sich die Lokführer der 120 003 und 005

ein Entwicklungsvertrag – wie konnte es anders sein – mit BBC abgeschlossen.
Bei einer notwendigen Länge der Lokomotive von 19,2 Metern war das Ziel, für den Mechanteil ein Gewicht von 37 Tonnen als absolutes Limit keinesfalls zu überschreiten, eine große Herausfforderung an die planenden Ingenieure, welche hierfür vielfältige neue Wege gehen mußten.
1977 wurden die Lieferverträge zwischen der DB und der Industrie für fünf Prototypen der neuen Baureihe 120 geschlossen, welche 1979 und 1980 ausgeliefert wurden.

Jubiläen werden gefeiert: Als 750. Ellok der BBC wird die 120 104 am 21. Juli 1987 an die DB übergeben

Neuland und Tests

Kaum je zuvor sind Prototypen elektrischer Lokomotiven so gründlich erforscht und erprobt worden, wie die fünf Loks 120 001 – 005. Eine größere Serienbeschaffung einer mit völlig neuer Technologie ausgerüsteten Lokomotive in kürzerer Frist, darüber hinaus ein völliger Generationenwechsel aller elektrischen Fahrzeuge der Deutschen Bundesbahn in der ferneren Zukunft waren abzusehen, und jedes Risiko in der Weiterentwicklung sollte so gering wie möglich gehalten werden. Auch die beschaffte Stückzahl von fünf Vorauslokomotiven ist Ausdruck des Willens, in möglichst kurzer Zeit alle Schwachstellen der neuen Konstuktion aufzudecken und sofort zu beheben, um eventuell notwendige Ertüchtigungen einer späteren Serie so sicher wie möglich zu vermeiden.
1979 und 1980 wurden die fünf Prototypen 120 001 – 005 abgeliefert und unmittelbar nach Bereitstellung einer intensiven Erprobung unterzogen. Die Lokomotive 120 005 war bereits von Anfang an für eine Höchstgeschwindigkeit von 200 km/h vorgesehen und hierfür mit

Typische Bw-Atmosphäre: 1981 entstand dieses Bild in Nürnberg. Die 120 005 hebt sich farblich und von der Form her deutlich ab

Linienzugbeeinflussung (LZB) ausgerüstet. Eine von den anderen leicht abweichende, aerodynamisch geringfügig günstigere, dafür aber teurere Kopfform war das äußere Merkmal für die höhere Geschwindigkeit. Bereits nach kurzer Erprobungszeit konnte die ursprünglich auf 160 km/h festgesetzte Höchstgeschwindigkeit der restlichen Lokomotiven problemlos ebenfalls auf 200 km/h heraufgesetzt werden, wodurch die Loks uneingeschränkt für die bisher der Baureihe 103 vorbehaltenen Leistungen im IC-Verkehr qualifiziert wurden.

Die sehr wünschenswerte Heraufsetzung der Höchstgeschwindigkeit war problemlos möglich durch die infolge der leichteren Drehstrommotoren relativ günstigen Fahreigenschaften der Drehgestelle. Außer dem Einbau der LZB waren nur geringfügige Anpassungen der Schwingungsdämpfer sowie eine Verstärkung der Frontscheiben erforderlich.

Eine Besonderheit der Erprobungsphase der neuen Lokomotiven war deren unmittelbare, dem Erkenntnisstand folgende Veränderung, sobald Verbesserungen und Fortschritte möglich wurden, so daß auch alle Nachbesserungen jeweils wieder unmittelbar erprobt werden konnten. Da das Interesse der Fachwelt an den ersten Hochleistungsloks in Drehstromtechnik natürlich außerordentlich groß war, fanden auch viele Demonstrationen der Loks im In- und Ausland statt, insbesondere bei schweren Anfahrten in Steigungsstrecken, wobei das größte Interesse der Fachleute der Ausnutzung der Haftreibung bei solchen Anfahrten galt. Die neuen Loks waren in der Lage vor dem staunenden Publikum die gleichen Grenzlasten anzufahren wie die sechsachsigen schweren Güterzuglokomotiven der Baureihe 151!

Erstmals war eine echte Universallokomotive entstanden, welche IC-Züge in den Fahrplänen der 103 ebenso befördern konnte wie schwere, sonst sechsachsigen Lokomotiven vorbehaltene Güterzüge.

Die Prototypen waren mit elektrischen Widerstandsbremsen und gleichzeitig mit Nutzbremsen ausgerüstet. Als wichtiges Ergebnis der Erprobungen konnte gezeigt werden, daß auf die Widerstansdsbremse verzichtet werden kann, da die Nutzbremse eine sehr hohe Verfügbarkeit hat und das Bahnstromnetz die beim Bremsen erzeugte elektrische Energie jederzeit vollkommen aufnehmen kann. Folge dieser Erkenntnis war außer einer Einsparung eine dringend erwünschte Verminderung des Gewichtes bei den späteren Serienloks.

Unvermeidbare Nachbesserungen betrafen den Transformator, die Federung und Dämpfungen an den Drehgestellen, teilweise die Hilfsbetriebe sowie die mechanischen Bremsen der Loks. Daß die Unterdrückung von Störströmen einer weiteren Optimierung bedurfte, versteht sich bei der breiten Anwendung der neuen Halbleitertechnik fast von selbst. Die Prototypen konnten nach diesen Nachbesserungen in vielen Bereichen schon in einem Zustand weiter erprobt werden, der dem der späteren Serienlokomotiven entsprach.

Von diesen nicht besonders gravierenden Änderungen abgesehen, haben sich die fünf Loks der Baureihe 120 auf das beste bewährt und den Durchbruch einer neuen Technologie voll bestätigt. Bleibt zu erwähnen, daß 1980 an der Lok 120 002 eine Probezerlegung durchgeführt wurde, um Erkenntnisse über die Instandhaltung zu gewinnen und hieraus weitere Verbesserungen für die Beschaffung der Serie herzuleiten.

Die Serienlieferung der 120

Ende 1984 bestellte die Deutsche Bundesbahn die 60 Serienloks der Baureihe 120.1, welche in den Jahren 1987–1989 ausgeliefert wurden. Der Auftrag ging entsprechend den langjährigen Gepflogenheiten bei der Bestellung von Lokomotiven an zwei Konsortien der deutschen Lokomotivindustrie, bestehend aus den Firmen Henschel, Krauss-Maffei und Krupp für den mechanischen Teil und den Firmen AEG, BBC und Siemens für den elektrischen Teil, unter Federführung von Krauss-Maffei und BBC. Die Unterschiede der Serienloks gegenüber den fünf Prototypen waren infolge deren

ausgiebiger Erprobung und jeweiligen Nachrüstung gering und beschränkten sich auf die weitere Optimierung bereits erkannter Schwachstellen.
Ein wesentliche Veränderung gegenüber den Prototypen war allerdings die Forderung nach druckdichter Ausgestaltung der Führerräume sowie die Ausrüstung der Loks mit EP-Bremse und Notbremsüberbrückung für den Einsatz auf den Neubaustrecken. Eine automatische Fahr- und Bremssteuerung (AFB) wurde ebenso eingebaut wie eine zeitmultiplexe Doppeltraktions- und Wendezugsteuerungsteuerung. Die Leistung der elektrischen Netzbremse ist verglichen mit den Prototypen von 3,3 MW auf 4,0 MW erhöht.
Nachdem durch eine Änderung der Getriebeübersetzung bei der Lok 120 001 eine Höchstgeschwindigkeit von 280 km/h möglich geworden war und diese bei der Erprobung neuer Stromabnehmer auf den Neubaustrecken bei hervorragenden Fahreigenschaften auch regelmäßig gefahren wurde, entschloß man sich ab der Lok 120 136, eine Änderung der Getriebeübersetzung mit der Folge kleinerer Drehzahlen der Motoren vorzunehmen, wodurch die IC-Züge bei Höchstgeschwindigkeit über eine bessere Restbeschleunigung verfügen, ohne daß sich hierdurch eine Einschränkung bei der Anfahrt schwerer Züge ergibt.
Für den Lokführer ist dieser Unterschied allerdings kaum merklich. Bei Höchstgeschwindigkeit erreichen die Fahrmotoren der 120 Umdrehungszahlen von mehr als 4000 pro Minute, Werte die früher mit Kommutatormotoren völlig unmöglich waren.
Die Inbetriebsetzung der neuen Lokomotiven verlief zunächst recht zögerlich, da die Forderung nach Druckdichtheit der Führerstände erst spät gestellt wurde und einige Mühe und zusätzliche Maßnahmen erforderte, welche zum Teil als Nacharbeiten im Lieferwerk ausgeführt wurden. Nachdem die Loks nunmehr mit druckdichtem Führerstand ausgerüstet waren und demzufolge auch auf den Neubaustrecken planmäßig vor IC-Zügen eingesetzt werden konnten, wurde auch der Einbau der Notbremsüberbrückung und der elektropneumatischen Bremse (EP-Bremse) als Bauartänderung erforderlich.
Der Innovationsschritt von der Baureihe 111 mit einer Leistung von 3,6 MW zur Hochleistungslokomotive 120 mit einer Leistung von 5,6 MW in grundsätzlich neuer Technologie war so erheblich, daß der Betriebseinsatz dieser neuen Loks in den ersten Jahren durchaus problematisch war. Mit fortschreitendem Einsatz der Baureihe 120 im Plandienst, wo die Loks sich später dann doch hervorragend bewährten, konnten die Prototypen den Bundesbahnzentralämtern in Minden und München zur Verfügung gestellt werden, wobei diese zumindest vorübergehend mit der Bezeichnung 752 001 – 005 Nummern von Bahndienstfahrzeugen erhielten. Diese Fahrzeuge sollten dann später in der Weiterentwicklung der Baureihe 120 noch eine wichtige Rolle spielen.

Ein InterRegio mit einer Lok der Baureihe 101 überquert die Fuldatalbrück bei Kragenhof

Die Baureihe 120.0 als Erprobungsträger

Für Fachleute war schon bald abzusehen, daß die 60 neuen Lokomotiven der Baureihe 120 und die zunächst 120 Triebköpfe der Baureihe 401 für den ICE nicht das Ende der Entwicklung neuer Lokomotiven in Deutschland sein konnten, ebensowenig wie diese neuen Fahrzeuge das drängende Problem des in hohem Maße überalterten und den veränderten Anforderungen nicht mehr gewachsenen Triebfahrzeugparks der DB lösen konnten. So wurden die Prototypen wiederum als Versuchsträger herangezogen und zu weiterer Fortentwicklung der Industrie überlassen, ebenso wie einige Loks aus der Serie.

Ähnlich wie fast 20 Jahre zuvor bei der DE 2500 wurden mit diesen Loks Entwicklungsarbeiten durch die Herstellerfirmen auf deren eigene Rechnung, diesmal allerdings unter finanzieller Unterstützung durch die DB, betrieben, wobei geradezu stürmisch weitere Fortschritte im Bau elektrischer Lokomotiven erzielt werden konnten. Im harten täglichen Einsatz wurden mit den nunmehr erheblich veränderten Loks alle diese Fortschritte direkt in der Praxis erprobt und somit der Grundstein für die neue Lokomotivgenerationen der DB gelegt.

Daß gleichzeitig von dem Prinzip Universallokomotive Abschied genommen werden sollte, das konnte man zunächst wohl noch nicht ahnen, denn alle erzielten Fortschritte sollten einmal in eine neue Baureihe 121, die Nachfolgerin der 120, einfließen. Diese Lok 121 war als Universallok für alle Traktionsaufgaben der DB vorgesehen und hätte demzufolge in großen Stückzahlen beschafft werden sollen.

Daß die Baureihe 120 nicht in unveränderter Form weiterbeschafft werden konnte, zeichnete sich wegen des rasanten Fortschrittes der

Forschungsschwerpunkte mit den Lokomotiven der Baureihe 120

Lokomotive	Firma	neue Komponenten
120 002	AEG	GTO Stromrichter mit Wasserkühlung, neue Antriebssteuerung
120 003	Krauss-Maffei BMFT	radial einstellbare Radsätze in den Drehgestellen
120 004	ABB Henschel	Ester als Kühlmittel für Transformator und GTO Sromrichter, neue Antriebssteuerung, integrierter Gesamtantrieb, Scheibenbremsen, Flexifloat-Drehgestell mit Zug-/Druckstangen
120 005	ABB Henschel	GTO Stromrichter, neue Antriebssteuerung
120 118	AEG	neuer Antrieb, „GEALAIF"
120 149	AEG	neuer Antrieb, „GEALAIF"
120 142	AEG	Hilfsbetriebeumrichter in GTO Technik
120 144	AEG	Verbesserung des Kraftschlußbeiwertes
120 155	TH Darmstadt	Verbesserung des Kraftschlußbeiwertes

Erläuterungen:

GTO-Transistoren	Gate Turn Off-Transistoren – abschaltbare Transistoren
GEALAIF-Antrieb	zweiseitig gelagertes Motorritzel (AEG)
Integrierter Gesamtantrieb	außen gelagertes Motorritzel mit Zwischenrad (ABB Henschel)
GEALAIF	GEA = Palindrom für AEG; LAIF = Lokomotiv Antrieb mit integriertem Fahrmotor

Weitere wichtige Erprobungsträger für neue Technologien waren die Lokomotiven 127 001 (Eurosprinter) von Krauss Maffei-Siemens sowie 128 001 (12X) von AEG

Steuerungs- und der Halbleitertechnik schon recht bald ab.
Die vorstehende Tabelle zeigt den Umfang der mehr als fünfjährigen systematischen Weiterentwicklung der Baureihe 120 zu möglichen Nachfolgemodellen. Viele der bei diesen umfangreichen Versuchen erzielten Fortschritte sind in Lokomtivbaureihen eingeflossen, welche nach der Baureihe 120 entwickelt worden sind und so natürlich auch in die Baureihe 101. Ein Beispiel für modernste fortentwickelte Technik im Lokomotivbau ist die Lok 2000 der Schweizer Bundesbahnen, auf welche später im Vergleich zur 101 noch näher eingegangen wird.
Nicht nur die Fortentwicklung der Halbleitertechnik, sondern auch Umstrukturierungen der deutschen Lokomotivindustrie hatten Auswirkungen auf die Entwicklungsarbeiten mit den genannten Exemplaren der Baureihe 120. Aus einer Zusammenarbeit der einzelnen Firmen untereinander und gemeinsam mit den Bundesbahnzentralämtern wurden mehr und mehr Einzelentwicklungen der schließlich miteinander konkurrierenden Firmen. Dies war der Anfang einer völlig neuen Strategie in der Beschaffung von Fahrzeugen der Deutschen Bahnen, ebenso wie von Privatbahnen. Die Entwicklung von Komponenten und gesamten Lokomotiven ging in diesen Jahren fast komplett auf die Industrie über, und die an Fahrzeugen interessierten Bahnen konnten sich im Laufe nur kurzer Zeit diese quasi aus den Katalogen aussuchen, wobei die Ausschreibungen nicht mehr auf deutsche Firmen beschränkt blieben, ebenso wie internationale Ausschreibungen auch bei ausländischen Bahnen zur Regel wurden.
Die von ABB Henschel umgebauten und gemeinsam mit der DB erprobten Loks 120 004 und 005 sind als echte Vorläufer der Baureihe 101 anzusehen, wobei die Lok 120 004 in fast allen Details der 101 am nächsten kam. Mit dem zeitgemäß klingenden Namen Eco 2000 ausgestattet und teilweise mit seitlichen Aufschriften versehen, welche auf die jeweils laufenden Entwicklungen hinwiesen, waren sie

Anschriften an der 120 004 für technisch interessierte Beobachter

auf vielen Probefahrten, aber auch im planmäßigen Reisezudienst von München ausgehend eingesetzt, wo sie ohne Probleme Fahrleistungen von über 25 000 km im Monat erreichten.
Es ist bemerkenswert, daß die Erbauer der DE 2500 aus dem Jahr 1971, BBC und Henschel, über einige Wechsel der Besitzverhältnisse hinweg inzwischen im Adtranz-Konzern aufgegangen sind, welcher heute die Baureihe 101 sowohl im mechanischen als auch im elektrischen Teil fertigt und liefert.
Es ist notwendig, im Folgenden auf diese beiden Lokomotiven noch etwas näher einzugehen, da diese als die unmittelbaren Vorgänger der 101 anzusehen sind, und viele Entwicklungslinien in diesen beiden Loks erprobt wurden. Lagen die Unterschiede der 005 zur Serie der 120 im wesentlichen im elektrischen Teil und in der Antriebssteuerung, so kamen bei der 004 ganz erhebliche Veränderungen im mechanischen Teil hinzu, so daß diese gegenüber den Serienlokomotiven die größten Abweichungen aufwies, und der Serie der 101 am nächsten kam.

GTO – ein Schritt nach vorn

Bis Ende der achtziger Jahre gelangte eine Weiterentwicklung der Halbleiter zur technischen Reife, welche auf den Bau von Umrichterlokomotiven größten Einfluß gewinnen sollten. Es gelang, Thyristoren, welche durch einen Zünd-

Drehgestell der 120 004: Das Radsatzlager mit dem Radsatzlenker (blau), dem Hydraulikdämpfer (gelb) und den Klotzbremsen (rot) – sie wurden später durch Scheibenbremsen ersetzt

Die gesamte Ansicht des 120 004-Drehgestells: Hier ist deutlich die Zug-/Druckstange (blau) und die gesamte Antriebsgruppe (grün) auszumachen

impuls große Ströme einschalten, bisher aber nicht ausschalten konnten, derart zu modifizieren, daß durch Impulse auch Ströme ausgeschaltet werden können. Der Name gate turn off (GTO-) Thyristor beschreibt diese Fähigkeit genau. Sperrspannung und abschaltbare Stromstärke erlangten erst im Laufe der Jahre die für Hochleistungslokomotiven nötigen Größenordnungen. Die Anwendung von GTO-Thyristoren beim Aufbau der Umrichter für Antrieb und Hilfsbetriebe brachte eine ganz nennenswerte Vereinfachung der Schaltungen unter wesentlicher Verminderung der Zahl der Halbleiter sowie unter dringend erwünschter Platz- und Gewichtseinsparung.

Stichwort: Dauerleistung – Stundenleistung

Bestanden früher bei elektrischen Lokomotiven erhebliche Unterschiede in der kurzfristig oder dauernd abgegebenen Leistung (Fünf-Minutenleistung, Stundenleistung, Dauerleistung), so hat sich dieser Unterschied bei Umrichterlokomotiven wesentlich vermindert.
Nicht mehr die Wärmekapazität von Transformator und Fahrmotoren, sondern Bauart und Dimensionierung der Umrichter bestimmen die kurzfristig und dauernd abgegebene Leistung.
Eine merkliche kurzfristige Überlastung der elektrischen Lokomotiven bei höchster Anforderung ist daher nicht mehr möglich.

Die ersten mit GTO-Thyristoren ausgerüsteten Lokomotiven waren die Re 4/4-Loks mittlerer Leistung der Bodensee-Toggenburg Bahn und die baugleichen Loks der Sihltal-Zürich-Ütliberg Bahn in der Schweiz. Erbaut wurden diese insgesamt acht Loks von der Schweizer Lokomotiv- und Maschinenfabrik SLM in Winterthur sowie von ABB in Zürich. Die Vorteile der neuen, inzwischen zu höheren Sperrspannungen und höheren Strömen fortentwickelten Halbleiter sind so evident, daß heute deren Anwendung im Bau moderner Triebfahrzeuge als Stand der Technik angesehen werden kann. Mit GTO-Thyristoren kann heute das gesamten Anwendungsgebiet der Bahnantriebe, wie Vierquadrantensteller, Pulswechselrichter und für Gleichstrombahnen auch der Gleichstromsteller abgedeckt werden.

Trotz fehlender Vorerprobung war die Entscheidung, die Umrichter der laufende Serie der ICE-Triebköpfe auf GTO-Thyristoren umzustellen und deren Vorteile zu nutzen, richtig und jedermann weiß, daß die modifizierten Triebköpfe sich bestens bewährt haben. Ein Vergleich alter und neuer Technik im ICE, dessen jüngere Exemplare als erste Großserie, in Deutschland etwa zeitgleich mit den S-Bahn-Loks Zürich, mit GTO-Thyristoren ausgestattet wurden, zeigt den Leistungsunterschied auf das deutlichste.

So ist es als selbstverständlich anzusehen, daß ein wie auch immer geartetes Nachfolgemodell für die Baureihe 120 mit den bei deren Konstruktion noch nicht verfügbaren neuen Halbleitern auszustatten war. Mit vielen anderen Varianten wurden diese gemeinsam in den Vorserienloks der Baureihe 120 weiter erprobt.

Waren die sechs, respektive vier Fahrmotoren der ersten Umrichterlokomotiven DE 2500 parallel an eine Stromversorgung geschaltet, welche von ebenfalls parallel geschalteten Umrichtern versorgt wurden, so war die Schaltung bei der Baureihe 120 sowie bei den Triebköpfen für den ICE drehgestellweise aufgebaut. Durch die gewichts- und platzsparende Bauweise der mit GTO-Thyristoren aufgebauten Umrichter war es möglich geworden, für jeden einzelnen

Unterschiede der Umrichter für ein ICE Drehgestell

	Gewicht (t)	Verlustleistung (kW)	Anzahl der Thyristoren
Thyristorstromrichter (ölgekühlt)	3.4	100	160
GTO-Stromrichter (siedebadgekühlt)	2.0	40	14

Das Gewicht eines Triebkopfes konnte durch die Anwendung der GTO-Thyristoren bei gleicher Leistungsfähigkeit um 3,5 Tonnen vermindert werden.

Unterschiede bei der Baureihe 120

		120.1 (Serie)	120 004	120 005
Leistung	MW	5,6	6,4	6,4
Radsatzstand im Drehgestell	mm	2800	2650	2800
Raddurchmesser	mm	1250	1100	1250
Halbleiter		Thyristoren	GTO-Thyristoren	GTO-Thyristoren
Kraftübertragung		Drehzapfen	Zug-/Druckstangen	Drehzapfen
Kühlmedium		Mineralöl	Ester	Mineralöl
Bremsen		Klotzbremsen	Scheibenbremsen	Klotzbremsen

Die Ausrüstung der 120 004 mit Scheibenbremsen erfolgte erst später und auf Wunsch der DB im Vorgriff auf die auszuschreibende 101
Zusätzlich zu den Scheibenbremsen wurden Putzklötze für die Räder eingeführt

Radsatz einen separaten elektrischen Antrieb vorzusehen, was bei entsprechender Ansteuerung einen sogenannten elektrischen Radsatzlastausgleich und somit eine weiter verbesserte Ausnutzung der Haftreibung erwarten ließ. Darüber hinaus wird durch eine weitere Aufteilung der Antriebsleistung natürlich eine höhere Redundanz und somit eine verbesserte Zuverlässigkeit der Lokomotiven erreicht. Im Störungsfalle müssen nicht mit einem Drehgestell zwangsweise 50 Prozent der Antriebsleistung ausfallen, sondern eventuell nur 25 Prozent, bei Ausfall des Antriebsstranges für nur einen Radsatz. Zudem ließ sich durch die fortschrittlichen Halbleiter die Leistung der Versuchslokomotiven von 5,6 MW der Baureihe 120 auf 6,4 MW dauernd und kurzzeitig sogar auf 6,6 MW steigern. Die 120 005 war die erste deutsche Lokomotive mit elektrischer Einzelradsatzsteuerung.

Die Kühlung

Ist die Ausstattung moderner Lokomotiven mit den neuesten verfügbaren Halbleitern geradezu eine Selbstverständlichkeit, so hat der als besonders fortschrittlich verkündete Einsatz eines biologisch abbaubaren Kühlmediums für Transformator und Umrichter wohl auch einen öffentlichkeitswirksamen Aspekt. Es ist nicht bekannt geworden, daß sich durch das in Tausenden elektrischer Lokomotiven verwendete Mineralöl irgendwelche Umweltkatastrophen ereignet hätten. Der Begriff Umweltfreundlichkeit hat nun auch in elektrische Lokomotiven Einzug gehalten, den ohnehin umweltfreundlichsten Fahrzeuge aller Verkehrsmittel. Natürlich darf man aber bei der Betrachtung elektrischer Energie deren Erzeugung in den Kraftwerken niemals außer Acht lassen.

Kühlmedium auf der 120 004 ist ein biologisch abbaubarer, auf Polyolen aufgebauter Ester, chemisch am ehesten mit Salatöl vergleichbar. Natürlich werden an solche alternative Kühlmittel hohe chemische, physikalische und elektrische Anforderungen gestellt, welche von diesen auch erfüllt werden können.

Gegen den Einsatz von Wasser gar als Kühlmedium auf elektrischen Lokomotiven, wie auf der 120 002 und der 12X von noch AEG erprobt, bestanden gerade bei Fachleuten zunächst durchaus Vorurteile, welche inzwischen aber überwunden sind. Die Kühlung von Stromrichtern mit Wasser ist heute bereits etablierter Stand der Technik.

Neue Drehgestelle

Besondere Bedeutung haben die auf der Lok 120 004 erprobten mechanischen Neuerungen. Gegenüber 3000 mm in den ICE-Triebköpfen und 2800 mm in den Serienloks der Baureihe 120 wurde der Radsatzstand in den Drehgestellen auf 2650 mm verkleinert. Der Raddurchmesser wurde von den bei fast allen elektrischen DB-Lokomotiven üblichen 1250 mm auf nur 1100 mm reduziert, um unabgefederte Massen weiter zu vermindern.

Eingebaut wurden die sogenannten Henschel-Flexifloat-Drehgestelle, welche sich durch eine besonders gewichtssparende Bauweise auszeichneten und – aus den ICE Triebköpfen hergeleitet – sich schon in einer großen Zahl anderer Lokomotiven, vorwiegend im Ausland, bestens bewährt hatten.

Die neuen Drehgestelle sind im Gegensatz zur Serie der 120, welche mit Drehzapfen ausgerüstet ist, mit neuen Zug- und Druckstangen zur Übertragung der Zugkraft angelenkt. Mit niedrigsten nur primär abgefederten Massen und verkürztem Radsatzstand erreichte die Lok auf krümmungsreichen Strecken und bei einer unausgeglichener Seitenbeschleunigung von 1,85 m/sec^2 hervorragende Fahreigenschaften bei minimalem Verschleiß von Gleisen und Rädern. Weiterer wichtiger Bestandteil der umgebauten Lok war der sogenannte integrierte Gesamtantrieb, welcher installierte Leistungen von mehr als 1,6 MW pro Radsatz erlaubt. Beim integrierten Gesamtantrieb sind Großrad, Zwischenrad und Motorritzel in einem gemeinsamen, ungeteilten Getriebegehäuse aus Leicht-

Stichwort: Kühlkonzepte bei elektrischen Lokomotiven

Jeder stromdurchflossene Leiter setzt dem Strom, von Supraleitfähigkeit abgesehen, einen Widerstand entgegen, durch welchen Verlustwärme entsteht. Dies gilt für metallische Leiter gleichermaßen, wie für überwiegend aus Silizium aufgebaute Halbleiter.

Außer dem Transformator und den Fahrmotoren müssen demzufolge auch die Umrichter moderner Drehstromlokomotiven gekühlt werden. Hierzu gibt es mehrere Konzepte.

- Luftkühlung: Führung der Kühlluft über Kühlelemente bei gekapselten Halbleitern. Realisiert bei mehreren ausländischen Typen und Rangierlokomotiven. Es existiert auch die Variante mit einem separaten geschlossenen Kreislauf besonders sauberer Luft, welche ihrerseits in einem Luftkühler rückgekühlt wird.

- Öldosenkühlung: Es werden Öldosen von Öl durchströmt, auf welche die Halbleiter montiert sind. Es handelt sich also um eine indirekte Kühlung. Das Öl wird in Luftkühlern, häufig konstruktiv vereinigt mit den Trafokühlern, zurückgekühlt. Realisiert in der Baureihe 120 sowie teilweise im ICE.

- Öltauchkühlung: Die Halbleiter sind komplett in ein Ölbad eingetaucht. Das Öl wird an einem Luftkühler zurückgekühlt. Realisiert in 120 004 und 120 005. Zur Anwendung kommen Mineralöl, Siliconöl oder Ester, bei Öldosenkühlung auch Wasser.

- Siedekühlung: Die Halbleiter sind in einem hermetisch dichten Gehäuse aufgebaut, welches evakuiert ist und mit einem speziellen Kühlmittel teilweise gefüllt ist. Das Kühlmittel verdampft, wird an einem kalten Teil des Gehäuses wieder kondensiert und läuft wieder zurück. Diese Kühlung ist besonders wirkungsvoll. Der Kondensationsteil des Gehäuses kann mit Luft oder mit Wasser rückgekühlt werden. Allerdings benötigen diese Kühler als Siedebad bisher Fluor- oder Fluorchlorkohlenwasserstoffe, gegen welche Umweltbedenken bestehen. Realisiert in einem Teil der ICE-Triebköpfe und in Exportlokomotiven.

Fahrmotoren und Bremswiderstände, soweit vorhanden, werden grundsätzlich mit Luft durch eigene Lüfter gekühlt, bei modernsten Loks bedarfsgerecht durch Variation der Drehzahl der Lüftermotoren mittels Umrichter. Transformatoren werden von Öl durchströmt, welches die Verlustwärme aufnimmt und diese im Ölkühler an Luft abgibt. Dieser wird wiederum von einem Gebläse mit Luft versorgt.

Die gesamte Verlustwärme einer Lokomotive wird an die Umgebungsluft abgeführt, entweder direkt oder indirekt über zwischengeschaltete Kühlmedien.

Neuerdings beginnt sich die Kühlung von Halbleitern mit Wasser durchzusetzen. Wasser kommt als zwischengeschaltetes Kühlmedium in Frage, welches durch eine Wand Wärme der Halbleiter aufnimmt und dann in einem Kühler an die Umgebungsluft abgibt.

Die erste Lok der Baureihe 120 hat ihr Lätzchen verloren. Der neue Anstrich steht den Maschinen entschieden besser. Aufnahme im Kölner Hauptbahnhof am 3. August 1998

Beim flüchtigen Hinschauen durchaus ähnlich mit der neulackierten 120 – aber es handelt sich um die 101 002, mit dem Meßwagen für die Zulassungsfahrten

Die 120 004 ist in vielerlei Hinsicht die direkte Vorgängerin der Baureihe 101. Am 23. Mai 1998 hat sie einen IC von München nach Stuttgart gebracht, welcher soeben nach Dortmund weitergefahren ist

metallguß gelagert, an welches der Fahrmotor ohne Lagerschild angeflanscht ist.

Das bei bisherigen Fahrmotoren stets fliegend gelagerte Motorritzel ist nun außenseitig im Getriebegehäuse gelagert, wodurch eine wesentlich erhöhte Lebensdauer der Motorlager und somit bessere Fahrleistungen der Lok erwartet werden.

Die eingehende Erprobung im Betrieb hat als weiteren Vorteil eine vollkommene Dichtigkeit des Getriebekastens nachgewiesen, wodurch ein zusätzlicher Beitrag zum Umweltschutz geleistet wird.

Im Sommer 1992 stand mit der 120 004 eine Lok auf den Schienen, in welche alles Können der Eisenbahningenieure von ABB und Henschel, inzwischen im ABB-Konzern vereinigt, eingeflossen war. Gemeinsam mit dem Eurosprinter von Siemens-Krauss Maffei und der 12X von AEG repräsentierte diese Lok modernsten Stand der Technik beim Bau elektrischer Lokomotiven.

Das modulare Konzept

Als neues Schlagwort wurde der Begriff „Modulares Lokomotivkonzept" in den Sprachgebrauch der Fachleute eingeführt, als Ausdruck der Möglichkeit, aus den nunmehr in allen Details hinreichend erprobten einzelnen Bauteilen Lokomotiven jeder Bauart und Leistungsklasse nach den Anforderungen der verschiedenen Kunden nach dem Baukastensystem liefern zu können.

Das modulare Konzept ermöglichte eine optimale Anpassung aller Bauteile an alle Anforderungen der Kunden ohne wesentlichen weiteren Entwicklungsaufwand ebenso, wie eine spätere Anpassung einzelner Teile an den jeweils neuesten Stand der Technik während der gesamten Nutzungszeit der Lok. Die Shuttle-Lokomotiven für den Kanaltunnel und die Schweizer Lok 2000 sind ebenso Ergebnisse dieser Entwicklung wie die italienische Baureihe E 412.

Doch hiermit noch nicht genug: Im November 1994 bringt die DB in einem Letter of Intend den Wunsch zum Ausdruck, noch vor Lieferung der Baureihe 101 den Erprobungsträger 120 004 auf scheibengebremste Drehgestelle umzurüsten, um mit dieser neuen Bremse rechtzeitig weitere, über den ICE hinausgehende Erfahrungen sammeln zu können.
Die durch Bremsklötze auftretenden thermischen Belastungen der Räder sind höchst unerwünscht. Zusätzlicher Verschleiß und mögliche Rißbildungen konnten durch die Scheibenbremsen vermieden werden. Die Ausrüstung der Lok mit Scheibenbremsen versprach höhere Fahrleistungen durch Schonung der Räder, ebenso wie eine höhere Abbremsung möglich wurde. Das beim integrierten Gesamtantrieb vorhandene Zwischenrad zwischen Motorritzel und Großrad vergrößert den Abstand zwischen Motor und Radsatzwelle soweit, daß auf der Hohlwelle Platz für Scheibenbremsen gewonnen wird. In Zusammenarbeit zwischen ABB Henschel, der Firma Knorr Bremse und den Fachstellen der DB wurden neue Drehgestellrahmen, neue Antriebshohlwellen und Scheibenbremsen gebaut und im Werk Kassel von ABB Henschel in die Lok eingebaut. Wie immer erfolgten neue Probefahrten, welche schließlich nochmals durch Zugkraftvergleiche der Loks 120 004, 144, 155 und des Eurosprinters in der Nähe von Lauda ergänzt wurden. Dieser Vergleich wurde von der DB im Rahmen der Angebotsphase für die 101 ausgeführt. Letzte wesentliche Änderungen, welche noch Relevanz auf die zu bestellende 101 haben sollten, war Einbau und Erprobung eines Radars zu einer von den Radumdrehungen unabhängigen Geschwindigkeitsmessung, welche als Signal für eine optimierte Schleuderschutzregelung verwendet wird. Darüber hinaus erfolgte der Einbau von Putzklötzen anstelle der entfallenen Bremsklötze zur Aufrauhung und Sauberhaltung der Radoberfläche, sowie die Erprobung modifizierter Lüftungsgitter und einer verbesserten Spurkranzschmierung. Die Unterschiede zwischen der 120 004 und der später zu liefernden 101 waren nunmehr recht klein geworden, und die Lok näherte sich, wie schon erwähnt wurde, der technisch möglichen Perfektion und einem gewissen Endzustand in der Entwicklung elektrischer Lokomotiven.
Zwischen den ersten Versuchen mit der DE 2500 und dem Abschluß der Entwicklungsarbeiten an der 120 004 lagen mehr als 24 Jahre. Es erschien dem Autor wichtig, auf diese lange und nicht einfache, jedoch höchst erfolgreiche Entwicklung ausführlich einzugehen, denn es sollte gezeigt werden, welcher finanzieller Aufwand, welches Maß an Kreativität und Durchhaltevermögen erforderlich sind, um ein Meisterstück deutscher Ingenieurkunst, wie es die neuen Loks der DB sind, hervorzubringen.

Ausschreibung und Beschaffung der Baureihe 101

Seit der Ablieferung der letzten Exemplare der Baureihe 120.1 im Jahre 1989 hat die Deutsche Bundesbahn, im Gegensatz zur Deutschen Reichsbahn der DDR, bis zum Erscheinen der ersten Loks der Baureihe 101 keine weiteren elektrischen Lokomotiven mehr beschafft, von der politisch motivierten Bestellung der Baureihe 112 abgesehen. Investitionsschwerpunkt waren die Hochgeschwindigkeitszüge ICE sowie zahlreiche Nahverkehrszüge. Man muß sich vergegenwärtigen, daß zwischen der Ablieferung der letzten 111 und der ersten 120.1 ebenfalls ein relativ langer Zeitraum von fast fünf Jahren vergangen war. Bei einem Bestand an elektrischen Lokomotiven von etwas über 3500 Stück und einer vernünftigen Nutzungszeit von 30 Jahren betrüge der Ersatz an Triebfahrzeugen deutlich mehr als 100 Stück pro Jahr, um ein weiteres Ansteigen des Durchschnittsalters aller Triebfahrzeuge zu verhindern. Seit Beendigung der Serienlieferung der 120.1 bis heute hätten so schon mindestens 900 neue Lokomotiven beschafft werden müssen, um den Gebrauchswert des gesamten Triebfahrzeugparks zumindest zu erhalten! Dabei ist zu bedenken, daß solche Unstetigkeiten in der Beschaffungspolitik der deutschen Lokomotivindustrie ganz erhebliche Probleme bereiten, welche auch zu merklichen Wettbewerbsnachteilen gegenüber Unternehmen aus dem Ausland führen. Unterlassene Investitionen gefährden bekanntermaßen den Bestand jeden Unternehmens. Ein großer Teil der Probleme der heutigen DB gehen auf politische Versäumnisse in der Vergangenheit zurück.

Arbeitstitel: Baureihe 121

Schon Ende 1991 schrieb die Deutsche Bundesbahn unter dem Arbeitstitel „Baureihe 121" neue Lokomotiven aus, welche selbstverständlich alle neuesten Fortschritte der Technik berücksichtigen sollten.
So ist es kein Wunder, daß die Industrie in ihre Angebote alle diese Fortschritte und ihr ganzes Können einarbeitete und eine Universal-Drehstromlokomotive neuester Bauart mit über 6 MW Leistung und einer Höchstgeschwindigkeit von über 200 km/h anbot. Kaum weniger verwunderlich war, daß die Preisvorstellungen für solche Meisterwerke die DB veranlaßten, mit der Industrie alle Möglichkeiten der Kostensenkung zu diskutieren und gleichzeitig ihre Anforderungen an neue Lokomotiven zu überdenken. Würden nicht Lokomotiven geringerer Leistung und auch niedrigerer Höchstgeschwindigkeit als 200 km/h oder gar noch mehr, wesentliche Aufgaben der Zugförderung ebenso gut erfüllen können?
Es ist naheliegend, daß unter solchen Randbedingungen eine zügige Bestellung dringend erforderlicher neuer Lokomotiven nicht zu Stande kam, zumal sich grundlegende politische Veränderungen im gesamten deutschen Eisenbahnwesen schon abzeichneten.

Europaweite Ausschreibung

Im Rahmen einer zweiten Ausschreibung zwei Jahre später wurden der Industrie mehr Freiheiten zugestanden und sie wurde aufgefordert, Lokomotiven verschiedener Leistungsklassen und unterschiedlicher Höchstgeschwindigkeit anzubieten. Diese Ausschreibung, welche europaweit erfolgte, beinhaltete auch die Variante Triebkopf, unter Entfall eines Führerstandes. Vorgegeben an die Industrie waren lediglich bestimmte Anforderungen, deren technische Lösung jedoch bewußt offen gelassen war.
Von sechs europäischen Firmengruppen gingen insgesamt 30 unterschiedliche Angebote

Vorgaben für eine neue Generation elektrischer Lokomotiven im Jahr 1993

- 4 Radsätze, maximale Radsatzlast 22 Tonnen
- GTO-Thyristoren mit Spannungszwischenkreis
- umweltfreundliche Kühlmedien
- Drehstromasynchronmotoren
- geringe Kräfte zwischen Fahrwerk und Gleis
- Minimierung mechanisch schaltender Kontakte
- modularer Aufbau
- Weiterbetrieb mit verminderter Leistung bei Störungen
- modernes Diagnosesystem für Fahrbetrieb und Werkstatt
- bestmögliche Zugkraftübertagung
- bestmöglicher Wirkungsgrad, Energierückspeisung (Bremse)
- Höchste Zuverlässigkeit und Verfügbarkeit

Es wurde eine störungsfreie Fahrleistung bis zur Stellung einer Hilfslok von mindestens 500 000 km oder bis zu einem Ausfall mit Dauer von mehr als 5 Minuten von mindestens 250 000 km gefordert. Ein außerplanmäßiger Schadbestand darf 3 % der Lokomotiven nicht übersteigen.
Diese Anforderungen sind außerordentlich streng und wurden bisher von elektrischen Lokomotiven bei weitem nicht erreicht, in dieser Form aber auch nicht gefordert. Für die Nichteinhaltung sind strenge Pönalen mit der Industrie vereinbart worden.

für die neuen Lokomotiven der DB ein, aus welchen bestimmte Varianten rasch ausgeschieden werden konnte. Nicht weiter verfolgt wurden Varianten mit einer Leistung von 5 MW, da zur leistungsfähigeren Lok mit 6 MW ein hinreichender Preisunterschied nicht bestand, ebenso wie Triebkopfvarianten, welche eine zu große Einschränkung im betrieblichen Einsatz bedeutet hätten.
Man kann aus diesen Forderungen unschwer erkennen, in welchem Maße der technische Fortschritt auch die Begehrlichkeiten der Betreiber solcher Lokomotiven geweckt hatte. Dennoch lagen Erfahrungen über alle diese geforderten Eigenschaften in den oben beschriebenen Erprobungsträgern der deutschen Firmen AEG, Krauss-Maffei – Siemens und ABB Henschel schon vor und die ausländischen Anbieter hatten dagegen ernste Probleme, diesen Fahrzeugen vergleichbare und ebenfalls erprobte Leistungen entgegenzustellen, zumal deren Angebote jeweilige nationale Bauarten und Konstruktionsphilosophien beinhalteten, welche von deutschen Vorstellungen teilweise recht weit abwichen. Vor allen konnten sie hinreichend erprobte Umrichtermaschinen mit Drehstromasynchronmotoren nicht anbieten. Die Anbieter aus dem Ausland waren die Firmen Ansaldo, GEC-Alsthom und Skoda.

Life Cycle Costs

Ein für die Betrachtung der Wirtschaftlichkeit neuer Lokomotiven äußerst wichtiger Begriff erlangte zunehmende Bedeutung: Life Cycle Costs (LCC), die Summe aller Kosten über den Lebenszyklus einer Lokomotive von vorhersehbar 30 Jahren. Diese Kosten setzen sich zusammen aus der Investition für die neue Lok, beziehungsweise aus den Kapitalkosten, den Kosten für die gesamte Energie, welche die Lok in Laufe von 30 Jahren verbrauchen wird, sowie aus den Kosten für Instandhaltung und Reparaturen. Aufsummiert und abgezinst werden diese Kosten auf das Beschaffungsjahr. Von diesen Kosten sind bei der Beschaffung der Lok nur die Kapitalkosten genau bekannt, alle anderen nicht ganz einfach vorhersehbar. Dennoch gibt es recht zuverlässige Anhaltspunkte, auch diese Kosten für die Zukunft abzuschätzen und aus dieser Vorausschätzung Schlüsse über die langfristige Wirtschaftlichkeit einer Konstruktion zu ziehen und so eine Entscheidung über eine Beschaffung herbeizuführen. Die Energiekosten in den zukünftigen 30 Jahren hängen von den Einsatzbedingungen der Lok ab, welche über einen so langen Zeitraum wiederum nur schwer präzise vorherzusagen sind, gleichermaßen aber auch von der elektro-

technischen Konstruktion und der konsequenten Vermeidung von Energieverlusten, welche zum Zeitpunkt den Konstruktion sehr wohl bekannt sind.
Von den drei Komponenten der Life Cycle Costs sind nach heutigen Wissen die Energiekosten der gravierendste Faktor, so daß der Vermeidung von Energieverlusten bei modernen Lokomotiven eine besonders hohe Bedeutung zukommt. Letztlich bedeutet dies, daß bei den durch mehrmalige Umwandlung der Energie nicht begünstigten Umrichterlokomotiven jede Möglichkeit zur Verbesserung des Wirkungsgrades, sei es im Antriebsstrang, bei den Hilfsbetrieben oder bei Einsatz der Nutzbremse, konsequent ausgenutzt werden muß. Die zu erwartenden Energiekosten werden aus den Wirkungsgraden der einzelnen Elemente der Loks, einem angenommenen Betriebsprogramm und dem Preis für elektrische Energie ermittelt.
Höchste Anforderungen werden an moderne Lokomotiven bezüglich Verfügbarkeit und Wartungsaufwand gestellt. Der Schaltungsaufbau muß so gestaltet sein, daß im Falle von Störungen bei Drehgestellansteuerung 50 Prozent der Zugkraft, bei Einzelradsatzansteuerung möglichst 75 Prozent der Zugkraft, erhalten bleiben und die Lok bis zum Erreichen einer Werkstatt den Dienst weiter verrichten kann. Für die Versorgung der Hilfsbetriebe mit Energie ist eine hinreichende Reserve für den Ausfall einzelner Umrichter vorzusehen.
Um den Aufenthalt in den Werkstätten so kurz und kostengünstig wie möglich zu halten, werden leicht tauschbare Module sinnvoller Größe mit möglichst einfach zu lösenden Verbindungen gefordert. Insgesamt ist bei der Planung der Lok auf eine reparaturfreundliche Konstruktion in besonderem Maße zu achten.
Auch ist die Kühltechnik so zu gestalten, daß einfache Luftwege ohne hohe Schmutzempfindlichkeit entstehen. Die Stromrichter sind mit Flüssigkeiten zu kühlen, welche an die Luftwege einfach herangeführt werden können. Zur Abschätzung des Anteils Wartung und Reparatur an den Life Cycle Costs werden typische, häufig wiederkehrende Arbeiten mit anderen Konstuktionen verglichen und bewertet. Eine Vorhersage der zu erwartenden Kosten im Verlaufe von 30 Jahren ist außerordentlich schwierig, vergleichende Betrachtungen sind jedoch durchaus möglich und werden in umfangreichem Maße angestellt.

Energieverbrauchsschätzung für LCC-Ermittlung

Nutzungszeit 4000 Stunden pro Jahr, 10 % Vollast, 80 % Halblast, 10 % Leerlauf, 0,2 DM/kWh, Wirkungsgrade der einzelnen Baugruppen zwischen 0,8 bis zu 0,97.

Es kann angenommen werden, daß eine Verschlechterung des Wirkungsgrades der Lok um 1 % im Verlaufe von 30 Jahren zu einer Erhöhung des gesamten Energieverbrauchs im Wert von 500 000 DM führt.

Es darf keinesfalls unerwähnt bleiben, daß der Energieverbrauch elektrischer Bahnen nicht nur vom Wirkungsgrad der Fahrzeuge abhängt, sonder in sehr starkem Maße natürlich auch von der Steuerung des gesamten Verkehrs im Sinne einer flüssigen und energiesparenden Fahrweise. Durch Vermeidung von unnötigen Halten oder durch Vermeiden von zu starkem Beschleunigen, verbunden mit unnötigem Abbremsen, kann sehr viel Energie gespart werden. Gerade auf diesem Gebiet gibt es ein erhebliches Verbesserungspotential.

Die Umweltverträglichkeit

In dieser Zeit hielt auch das Qualitätskriterium Umweltschutz erstmals ernsthaft Einzug in die Technik elektrischer Lokomotiven. Natürlich ist die Energieeinsparung ein wichtiges Umweltkriterium und steht so auch im Vordergrund aller Bemühungen.
Lärm ist ebenso zu vermeiden wie jeder Verlust von Kühl- und Schmierstoffen, welche zudem noch biologisch abbaubar sein sollen, so wie es auch vom Fett für die Spurkranzschmierung der Lokomotiven gefordert wird. Stoffe, welche das Potential beinhalten, die Ozonschicht zu beeinflussen, sollten weder bei der Kühlung

der Halbleiter noch in Klimaanlagen Verwendung finden.
Die Lokomotiven müssen einen wirksamen Brandschutz aufweisen und bei ihrer Fabrikation ist bereits an die geordnete Entsorgung zum Ende des Lebenszyklus zu denken. Was hätten wohl die Erbauer von tausenden von Kriegslokomotiven zu diesen Forderungen gesagt?

Die Bestellung

Zu einer Bestellung der neuen Lokomotiven kam es erst ein weiteres Jahr nach der erneuten Ausschreibung. Im Dezember 1994 wurde an Adtranz ein Letter of Intend für den Bau der 101 übergeben, am 28. Juli 1995 wurden dann die 145 Loks der Baureihe 101 endgültig bestellt. Vorangegangen war das, wie Politiker es zu bezeichnen pflegten, Jahrhundertwerk der Bahnreform einschließlich der Aufteilung der Aufgaben in Geschäftsbereiche, von welcher auch die Beschaffungspolitik für Lokomotiven stark beeinflußt wurde.
Mit dieser Bestellung hatte die Deutsche Bahn endgültig von dem Wunschobjekt Universallokomotive Abschied genommen, kaum daß deren Ära in nennenswertem Ausmaße begonnen hatte. Natürlich ist die Baureihe 101, ebenso wie es die bereits zehn Jahre alten 60 Lokomotiven der Baureihe 120 sind, eine Universallokomotive. Sie ist in der Lage, das Traktionsprogramm der Baureihen 103 und 151 gleichermaßen zu erfüllen, wird aber nicht als solche eingesetzt, da sie für viele Aufgaben überqualifiziert und schlichtweg zu teuer ist. Die anderen neuen Baureihen 145 und 152 weisen bezüglich Leistung oder Höchstgeschwindigkeit solche Einschränkungen auf, daß sie von universeller Einsatzfähigkeit deutlich entfernt sind. Nicht immer ist auch bezahlbar, was technisch möglich und betrieblich wünschenswert ist. In dem der Bestellung der neuen Lokomotiven vorausgegangenem Abstimmungsprozeß ergab sich, daß eine Lokomotive von über 6 MW mit verminderter Höchstgeschwindigkeit und dem dadurch vertretbaren Tatzlagerantrieb etwa 10 Prozent billiger einsteht als eine Universallokomotive gleicher Leistung. Eine solche teurere Lok durfte also nur beschafft werden, wenn deren Mehrpreis durch geringere benötigte Stückzahlen infolge günstigerer Lokumläufe kompensiert worden wäre. Ein solcher Synergieeffekt konnte aber nicht mit hinreichender Sicherheit nachgewiesen werden.
Bei einem Preisunterschied zwischen der 101 und der 152 von nur einer halben Million DM ergibt sich eine Ersparnis von fast 100 Millionen DM, bei Einlösung der bestehenden Option noch von deutlich mehr. Gleiches gilt, besonders wegen der inzwischen eingelösten Option von weiteren 400 Stück, in noch stärkerem Maße für die Baureihe 145. Die weitaus meisten Lokomotiven der Deutschen Bahn weisen Leistungen zwischen 3 und 4 MW auf und genügen damit vielen Traktionsaufgaben. So wurde auch mit der 145 mit einer Leistung von nur 4 MW jede Chance zur Kosteneinsparung ausgenutzt, so auch die Drehgestellregelung, im Gegensatz zur teureren Einzelradsatzregelung.
So wünschenswert es gewesen wäre, eine einzige Baureihe zu beschaffen, oder zumindest für die beiden Baureihen hoher Leistung nur eine Loktype, so lag doch das betriebswirtschaftliche Optimum in der Beschaffung der drei Loktypen, so wie bei der Industrie bestellt. Die Vergabe an drei unterschiedliche Firmen war aus marktwirtschaftlichen Gründen ohnehin zu begrüßen.
Immerhin ist es gelungen, die Führerstände der neuen Loks und damit deren Bedienung einheitlich zu gestalten, wobei Ähnlichkeit mit der Baureihe 120 und dem ICE besteht. Die neuen Lokomotiven, Produkte dreier verschiedener Hersteller, verkörpern zwar das jeweilige Corporate Identity dieser Hersteller, es ist aber dennoch gelungen, durch äußere Ähnlichkeit untereinander den von der DB gewünschten Familiencharakter zu erzeugen. Daß die Baureihe 101 sich dennoch aus dieser Familie im Äußeren herausheben soll, versteht sich bei einer Schnellzuglokomotive fast von selbst. Al-

Die Metropolitan-Lok 101 130 absolvierte ihre Abnahmefahrt lediglich im Korrosionsschutz-Anstrich – klar, man wollte sich die Überraschung bis zur offiziellen Vorstellung aufheben

lerdings muß man schon genau hinschauen, um diese Unterschiede auch zu erkennen.
Wurden die Einheitsloks von 1956 von den Firmen AEG, BBC und Siemens im elektrischen Teil, sowie von Henschel, Krauss-Maffei und Krupp im mechanischen Teil unter enger Zusammenarbeit erbaut, so waren an der Neubeschaffung von Lokomotiven eine Generation später im Prinzip wieder die gleichen Firmen beteiligt. BBC und Henschel waren als ABB Henschel Teil des weltweiten ABB-Konzerns geworden, Krupp war im Siemens-Konzern aufgegangen und Siemens selbst war inzwischen Teilhaber an Krauss-Maffei geworden. Der Eisenbahnsektor von AEG war schließlich unter dem Dach von Daimler Benz nach vielerlei Krisen gerettet worden.
Weitere nachhaltige Veränderungen der deutschen Lokomotivindustrie standen in dieser Zeit unmittelbar bevor, gleichermaßen wie die noch junge Deutsche Bahn AG erst ihre neuen Strukturen finden mußte.
Wurden die 145 Exemplare der Baureihe 101 noch bei ABB Henschel bestellt, einer Firma, welche inzwischen Elektriker und Mechaniker im Lokomotivbau auf das beste miteinander verband, so erfolgte die Fabrikation und Auslieferung jedoch bereits von Adtranz, einem Zusammenschluß weiterer Firmen zum größten Eisenbahnkonzern der Welt.

Hersteller: Adtranz

Der Zusammenschluß der Firmen ABB Henschel und AEG zur Firma Adtranz ermöglichte beim Bau der neuen 101 und 145 Synergien, welche zusätzliche Vereinheitlichungen und damit eine insgesamt verbesserte Wirtschaftlichkeit erbrachten. Durch eine gute Kooperation mit Krauss-Maffei Siemens, dem Hersteller der 152, konnten weitere ursprünglich nicht vorgesehene, aber sehr wünschenswerte Vereinheitlichungen, wie z.B. gleiche Radsatzlager für alle Loks, realisiert werden.

Stichwort: Adtranz – ABB Daimler-Benz Transportation

Die Firma Adtranz ist ein 1996 gegründetes Gemeinschaftsunternehmen für Bahnsysteme der Konzerne ABB und Daimler-Benz. Beide Firmengruppen sind mit 50 % an der Firma Adtranz beteiligt. Die Firma Adtranz besteht aus 50 einzelnen Gesellschaften in 40 Ländern.

Mit der Fusion reagierten die beiden Muttergesellschaften auf die wachsende Konkurrenz im Markt des Schienenverkehrs sowie auf den wachsenden Bedarf an fortschrittlichen Lösungen im Eisenbahnverkehr der industrialisierten Märkte und der Entwicklungsländer.

Das Angebot von Adtranz umfaßt elektrische- und Diesel-Lokomotiven, Hochgeschwindigkeitszüge, Intercity- und Regionalzüge, Straßen- und U- Bahnen, Signaltechnik, stationäre Anlagen (Energieversorgung) sowie Wartung und Instandhaltung.

Im Adtranz-Konzern sind im Laufe mehrer Jahre folgende namhafte Unternehmen aufgegangen:

AEG, Westinghouse, MAN, MBB, LEW Hennigsdorf	ASEA, BBC, Thyssen Henschel, Waggon Union
Linie AEG	Linie ABB

seit 1996: Adtranz

Der Name Adtranz ist ein Akronym aus den Wörtern ABB, Daimler und Transportation mit dem Buchstaben Z am Ende für Benz. Der Firmenname wird als Logo „ADtranz" mit D als Majuskel geschrieben. Ein grüner Punkt über dem Buchstaben D erweckt besondere Aufmerksamkeit.

Am 20.1.1999 wurde als letzter Schritt einer langen Entwicklungslinie die Übernahme der ABB-Anteile an Adtranz durch Daimler Chrysler bekanntgegeben.

Vordringlichste Auslieferung der neuen Lokomotiven wurde für die neue Baureihe 101 verlangt. Sie war als erforderliche Verstärkung und Ersatz für die in die Jahre gekommene 103 vorgesehen. Die ältesten Exemplare der 103 nähern sich auch schon der kritischen Grenze von 30 Jahren, mit der Besonderheit gegenüber der Mehrzahl der anderen Lokomotiven, daß die 103 in den vergangenen Jahren auf das äußerste belastet war. Ursprünglich für zwar schnelle, aber nicht besonders schwere IC-Züge vorgesehen, mußte sie bis zum Erscheinen der ICE die gesamte Last des hochwertigen und schnellen Reiseverkehrs auf deutschen Schienen tragen, und auch nach dem Frühjahr 1991, nach Einführung der ICE-Züge, hat sich an der Belastung der Loks kaum etwas geändert. Leistungen von 35 000 km im Monat und Züge mit bis zu 15 Wagen und 600 Tonnen Anhängelast bei 200 km/h waren für sie keine Seltenheit.

Ein Charakteristikum deutscher Bahnen ist seit jeher, daß die meisten Lokomotiven sehr häufig für Aufgaben herangezogen werden, für welche sie ursprünglich nicht ausgelegt waren. Durch Überlastung und hohes Durchschnittsalter werden Zuverlässigkeit und Verfügbarkeit nennenswert eingeschränkt, so daß trotz erhöhtem Unterhaltungsaufwand und teilweiser Auffrischung ein wirtschaftlicher Einsatz nicht mehr gegeben ist. Für die Baureihe 103 gilt dies in ganz besonderem Maße.

Nach heutiger Vorausschau werden ICE-Züge, als Hochgeschwindigkeitszüge oder in der Neitech-Variante, in den nächsten Jahren vermehrt die lokomotivbespannten hochwertigen Reisezüge ablösen, so daß eine grundlegende Aufarbeitung der 103 das Problem zwar vorübergehend hätte lösen könnte. Aber nach weiterem Einsatz von Triebzügen würde mit der erneuerten 103 eine Lok zur Verfügung stehen, für welche die DB, respektive der Geschäftsbereich Cargo, später keine sinnvolle Verwendung mehr hätte.

Ganz anders hingegen kann die 101, da eine Universallokomotive, auch mit fortschreitendem Einsatz von Triebzügen später sinnvoll für den schweren Güterzugdienst herangezogen werden.

Nach sorgfältiger Abwägung all dieser Fragen wurden 145 Stück der 101 bestellt, bemerkenswerterweise genau die gleiche Stückzahl, wie von der 103 seit 1971 in Dienst gestellt wurden. Von nun an ist die 101 der Star der Deutschen Bahn (die Hersteller sprechen wohl lieber von Flaggschiff), wobei das Attribut Star unbeschadet der Leistung und Qualitäten anderer Loks traditionsgemäß immer den Schnellzuglokomotiven vorbehalten ist. Die sehr hohe Leistung von 6,4 MW sowie die Höchstgeschwindigkeit von 220 km/h rechtfertigen wohl diese Wortwahl, welche für bestimmte Lokomotiven schon lange Tradition hat.

Allerdings ist die Schweizer Bundesbahn der Deutschen Bahn in der Beschaffung solcher Lokomotiven in großer Stückzahl schon um einige Jahre voraus, denn die neue Lok 2000 war unbestritten ab 1992 für mehrere Jahre der Star auf Europas Schienen. 119 Lokomotiven der Reihe 460 und 18 Stück der Baureihe 465 tun in der Schweiz klaglos als Universallokomotiven ihren Dienst, wobei der Begriff Universallokomotive durch die in der Schweiz nur niedrigen zulässigen Geschwindigkeiten partiell eingeschränkt ist.

Im elektrischen Teil sind die Loks 2000 mit der 101 in vielen Details verwandt, stammen sie doch aus dem gleichem Hause ABB. Mit der weitgehenden Übernahme der Schweizer Lokomotiv- und Maschinenfabrik (SLM), dem Hersteller des mechanischen Teils der Lok 2000, durch Adtranz im Sommer 1998 ist die Verflechtung der Firmen noch enger geworden. Ein grundlegender Unterschied zwischen der Lok 2000 und der 101 ist allerdings deren Preis, und es ist kein Geheimnis, daß der von der Deutschen Bahn für die 101 erzielte Preis für die Industrie alles andere als erfreulich ist. Über den für die Erhaltung von Arbeitsplätzen in der deutschen Lokomotivindustrie geradezu gefährlichen Preis hinaus wurden der Industrie Leistungsgarantien abverlangt, respektive Pönalen auferlegt, welche in der Branche völlig neu sind. So bereitet ein Auftrag auch über eine große Stückzahl modernster Lokomotiven nicht nur Freude, sondert er fordert auch billigste Produktionsmethoden, mit Verlagerung bestimmter Fertigungen ins Ausland. Die SBB hat

28. Januar 1999 im Adtranz-Werk Kassel: Ein frisch aus der Lackiererei kommender 101-Kasten wird in Arbeitsposition gebracht

für die Lok 2000 im Mittel 6,8 Mio. Sfr., umgerechnet über 8,1 Mio. DM bezahlt, während die Baureihe 101 nur 5,6 Mio. DM, also 30 Prozent weniger (!) als die Schweizer Lok kosten durfte. Ein Design von Pininfarina ist für solch einen Preis natürlich nicht zu erhalten, und so müssen sich deutsche Reisende und Eisenbahnfreunde für viele Jahre mit einem doch etwas fantasielosen Lokomotivgesicht begnügen, dem man den Preisdruck, unter welchem in neuerer Zeit so viele Dinge unseres Lebens stehen, förmlich ansieht.

Regelmäßige Qualitätskontrollen während der Fertigung der Loks sollen gleichermaßen wie vereinbarte Vertragsstrafen für Einhaltung der vorgegebenen Spezifikationen sorgen. Wichtige technische Sachverhalte, wie störungsfreie Fahrleistung und Lokomotivwirkungsgrad, können aber erst nach Fertigstellung und längerer Betriebszeit einer Lok ermittelt werden. Weiter werden beurteilt der Schalldruckpegel,

Die Lokomotiven der Baureihe 101

Fabrik-nummer	DB-Betriebs-nummer	Auslieferung Kassel	Abnahme Hamburg
33111	101 001-6	24.08.1996	07.04.1997
33112	101 002-4	12.09.1996	15.03.1997
33113	101 003-2	21,10.1996	24.02.1998
33114	101 004-0	10.04.1997	24.10.1997
33115	101 005-7	21.031997	08.04.1997
33116	101 006-5	27.03.1997	07.04.1997
33117	101 007-3	18.04.1997	18.04.1997
33118	101 008-1	25.04.1997	26.04.1997
33119	101 009-9	30.04.1997	30.04.1997
33120	101 010-7	22.04.1997	22.04.1997
33121	101 011-5	12.05.1997	13.05.1997
33122	101 012-3	22.05.1997	22.05.1997
33123	101 013-1	20.05.1997	20.05.1997
33124	101 014-9	27.05.1997	27.05.1997
33125	101 015-6	23.05.1997	23.05.1997
33126	101 016-4	30.05.1997	30.05.1997
33127	101 017-2	28.06.1997	01.07.1997
33128	101 018-0	26.06.1997	26.06.1997
33129	101 019-8	03.07.1997	05.07.1997
33130	101 020-6	09.07.1997	10.07.1997
33131	101 021-4	10.07.1997	11.07.1997
33132	101 022-2	07.07.1997	08.07.1997
33133	101 023-0	25.07,1997	20.07.1997
33134	101 024-8	15.07.1997	17.07.1997
33135	101 025-5	18.07.1997	18.07.1997
33136	101 026-3	01.08.1997	15.08.1997
33137	101 027-1	01.08.1997	01.08.1997
33138	101 028-9	14.08.1997	04.08.1997
33139	101 029-7	26.08.1997	29.08.1997
33140	101 030-5	19.00.1997.	27.08.1997
33141	101 031-3	26.08.1997	28.08.1997
33142	101 032-1	10.09.1997	12.09.1997
33143	101 033-9	04.09.1997	04.09.1997
33144	101 034-7	26.09.1997	01.10.1997
33145	101 035-4	08.10.1997	09.10.1997
33146	101 036-2	15.10.1997	16.10.1997
33147	101 037-0	15.09.1997	18.09.1997
33148	101 038-8	12.09.1997	16.09.1997
33149	101 039-6	30.09.1997	03.10.1997
33150	101 040-4	06.10.1997	09.10.1997
33151	101 041-2	17.10.1997	21.10.1997
33152	101 042-0	13.10.1997	14.10.1997
33153	101 043-8	10.10.1997	10.10.1997
33154	101 044-6	29.10.1997	30.10.1997
33155	101 045-3	23.10.1997	24.10.1997
33156	101 046-1	22.10.1997	23.10.1997
33157	101 047-9	11.11.1997	12.11.1997
33158	101 048-7	05.11.1997	05.11.1997
33159	101 049-5	06.11.1997	08.11.1997
33160	101 050-3	11.11.1997	13.11.1997
33161	101 051-1	17.11.1997	20.11.1997
33162	101 052-9	25.11.1997	27.11.1997
33163	101 053-7	09.12.1997	11.12.1997
33164	101 054-5	27.11.1997	28.11.1997
33165	101 055-2	03.12.1997	06.12.1997
33166	101 056-0	04.12.1997	06.12.1997
33167	101 057-8	05.12.1997	08.12.1997
33168	101 058-6	08.12.1997	09.12.1997
33169	101 059-4	17.12.1997	19.12.1997
33170	101 060-2	12.12.1997	06.01.1998
33171	101 061-0	18.12.1997	20.12.1997
33172	101 062-8	17.12.1997	22.12.1997
33173	101 063-6	15.01.1998	22.01.1998
33174	101 064-4	26.01.1998	29.01.1998
33175	101 065-1	02.02.1998	05.02.1998
33176	101 066-9	11.02.1998	17.02.1998
33177	101 067-4	09.02.1998	17.02.1998
33178	101 068-1	19.02.1998	20.02.1998
33179	101 069-9	24.02.1998	26.02.1998
33180	101 070-1	26.02.1998	27.02.1998
33181	101 071-9	05.03.1998	06.03.1998
33182	101 072-7	11.03.1998	13.03.1998

Wirksamkeit des Druckschutzes für die Führerstände, Schmiermittelverlust und anderes. Für die Nichteinhaltung dieser Forderungen sind Nachbesserungen respektive Pönalen vorgesehen. Eingesparte Kosten für die Kunden der Deutschen Bahn, sei es im Reise- oder Ladungsverkehr, schaffen wiederum Probleme für die Arbeitsplätze in der Deutschen Eisenbahnindustrie, und so sind die schlechten Nachrichten über die wirtschaftliche Situation

Fabrik-nummer	DB-Betriebs-nummer	Auslieferung Kassel	Abnahme Hamburg
33183	101 073-5	18.03.1998	19.03.1998
33184	101 074-3	23.03.1998	26.03.1998
33185	101 075-0	25.03.1998	27.03.1998
33186	101 076-8	30.03.1998	31.03.1998
33187	101 077-6	07.04.1998	09.04.1998
33188	101 078-4	09.04.1998	16.04.1998
33189	101 079-2	15.04.1998	17.04.1998
33190	101 080-0	21.04.1998	23.04.1998
33191	101 081-8	08.05.1998	11.05.1998
33192	101 082-0	27.04.1998	29.04.1998
33193	101 083-4	22.04.1998	24.04.1998
33194	101 084-2	30.04.1998	04.05.1998
33195	101 085-9	07.05.1998	08.05.1998
33196	101 086-7	20.05.1998	20.05.1998
33197	101 087-5	19.05.1998	20.05.1998
33198	101 088-3	18.05.1998	19.05.1998
33199	101 089-1	05.06.1998	06.06.1998
33200	101 090-9	09.06.1998	10.06.1998
33201	101 091-7	18.06.1998	20.06.1998
33202	101 092-5	10.06.1998	12.06.1998
33203	101 093-3	19.06.1998	20.06.1998
33204	101 094-1	19.06.1998	20.06.1998
33205	101 095-8	10.07.1998	14.07.1998
33206	101 096-6	15.07.1998	17.07.1998
33207	101 097-4	03.07.1998	04.07.1998
33208	101 098-2	23.07.1998	23.07.1998
33209	101 099-0	17.07.1998	21.07.1998
33210	101 100-6	23.07.1998	25.07.1998
33211	101 101-4	30.07.1998	31.07.1998
33212	101 102-2	06.08.1998	07.08.1998
33213	101 103-0	12.08.1998	11.08.1998
33214	101 104-8	11.08.1998	12.08.1998
33215	101 105-5	20.08.1998	21.08.1998
33216	101 106-3	25.08.1998	26.08.1998
33217	101 107-1	01.09.1998	03.09.1998
33218	101 108-9	09.09.1998	15.09.1998
33219	101 109-7	04.09.1998	07.09.1998

Fabrik-nummer	DB-Betriebs-nummer	Auslieferung Kassel	Abnahme Hamburg
33220	101 110-5	11.09.1998	14.09.1998
33221	101 111-3	18.09.1998	21.09.1998
33222	101 112-1	17.09.1998	16.09.1998
33223	101 113-9	28.09.1998	30.09.1998
33224	101 114-7	30.09.1998	01.10.1998
33225	101 115-4	08.10.1998	09.10.1998
33226	101 116-2	13.10.1998	14.10.1998
33227	101 117-0	19.10.1998	20.10.1998
33228	101 118-8	28.10.1998	30.10.1998
33229	101 119-6	29.10.1998	02.11.1998
33230	101 120-4	05.11.1998	06.11.1998
33231	101 121-2	13.11.1998	18.11.1998
33232	101 122-0	16.11.1998	18.11.1998
33233	101 123-8	25.11.1998	27.12.1998
33234	101 124-6	30.11.1998	01.12.1998
33235	101 125-3	11.12.1998	11.12.1998
33236	101 126-1	17.12.1998	17,12.1998
33237	101 127-9	18.12.1998	18.12.1998
33238	101 128-7	14.01.1999	15.01.1999
33239	101 129-5	21.01.1999	22.01.1999
33240	101 130-3	29.01.1999	18.02.1999
33241	101 131-1	04.02.1999	10.03.1999
33242	101 132-9	12.02.1999	16.02.1999
33243	101 133-7	23.02.1999	25.02.1999
33244	101 134-5	01.03.1999	03.03.1999
33245	101 135-2	10.03.1999	12.03.1999
33246	101 136-0		
33247	101 137-8		
33248	101 138-6		
33249	101 139-4		
33250	101 140-2		
33251	101 141-0		
33252	101 142-8		
33253	101 143-6		
33254	101 144-4		
33333	101 145-1		

der Firma Adtranz indirekt auf die mangelnde Bereitschaft der Kunden der DB zurückzuführen, für die angebotenen Leistungen auch angemessene Preise zu zahlen. Hier schließt sich ein unser Wirtschaftsleben derzeit bestimmender Kreis.

Der mechanische Teil der Baureihe 101

Es ist Brauch, eine technische Beschreibung elektrischer Lokomotiven in deren mechanischen und elektrischen Teil zu untergliedern, wenn auch diese Systematik nicht immer einfach einzuhalten und für den Leser plausibel ist. Dennoch ist ein anderes System der Gliederung nicht klarer und logischer.

Für die Baureihe 101 stammen mechanischer und elektrischer Teil gleichermaßen aus dem Hause Adtranz. Fertiggestellt werden die Lokomotiven in Kassel, dem ehemaligen Henschel-Werk.

Untergestell und Aufbauten

Das Untergestell und der Lokkasten der Baureihe 101 bilden eine tragende Einheit. Das Untergestell hat das Gewicht der Lok zu tragen sowie die Zug- und Bremskräfte, soweit letztere von der Lok ausgehen, zu übertragen. Er ist aus massiven C-Profilen und Blechen zusammengeschweißt und an Stellen besonderer Beanspruchung durch Querstreben verstärkt. Solche sind die Träger für den Transformator, ein Bauteil mit erheblichem Gewicht, sowie die Anlenkungen für die Zug- und Druckstangen. Auch die Pufferträger sind aus verständlichen Gründen besonders verstärkt. Diese Profile sind teilweise offen, an den Querversteifungen sind sie geschlossen.

Bei der Baureihe 120.1 mußten zur Einhaltung eines maximalen Gewichtes von 84 t seinerzeit alle konstruktiven und werkstofftechnischen Möglichkeiten des Leichtbaus bei der Gestaltung von Untergestell und Aufbauten ausgenutzt werden. Durch die Fortschritte in der Halbleitertechnik und die hierdurch erreichten Gewichtseinsparungen sowie durch ein höheres zulässiges Gewicht der 101 von nunmehr 87 t konnten in die tragende Konstruktion dieser Lok deutlich mehr Reserven eingebaut werden, um die bei der 120 nach längerer Betriebszeit aufgetretenen Probleme, welche ein umfangreiches Sanierungsprogramm erforderten, von vornherein zu vermeiden. Mit fortgeschrittener Zeit wurden auch die Rechenmodelle der finiten Elemente weiter verfeinert. Selbstverständlich muß die Kastenstruktur gesetzlich vorgeschriebene Pufferdruckkräfte ebenso aufnehmen können wie die beim Anheben, beispielsweise nach Entgleisungen, auftretenden Kräfte. Die tragende Struktur einer Lokomotive mit einer Leistung von deutlich über 6 MW ist mit der einer E 10 nicht zu vergleichen.

Die Seitenwände weichen von denen der 120 deutlich ab, da die dort verwendeten sogenannten Höckerplatten in der Fertigung und bei Reparaturen den Erwartungen nicht entsprochen haben. So bestehen sie Seitenwände der 101 aus einfachem Blech von 3 mm Stärke, welches von Säulenprofilen getragen wird. Den Abschluß der Seitenwände oben zum Dach hin bildet ein Hohlprofil, das wiederum aus Blechen geschweißt ist und die drei abnehmbaren Dachsektionen trägt. Die Dachschrägen einschließlich der Lüftergitter sind Bestandteil des Daches und können mit dem Dach gemeinsam abgenommen werden, so daß für Ein- und Ausbau aller Geräte die volle Breite des Lokkastens zur Verfügung steht.

Alle Geräte innerhalb des Maschinenraumes sind so angeordnet, daß ein gerader Mittelgang entsteht, von welchem aus alle diese Geräte gut zugänglich sind. Unterhalb der Laufbleche dieses Mittelganges liegt ein bereits vormontierter Kanal zur Aufnahme von Kabeln aller Art sowie von pneumatischen Leitungen.

Der Maschinenraumboden besteht aus Blech von ebenfalls 3 mm Stärke, auf welches die Gerüstträger zur Aufnahme der Ausrüstung aufgeschweißt sind.

Die Anforderungen an die Führerhäuser sind eine aerodynamisch günstige Form, hohe Festigkeit als Aufprallschutz und reparaturfreundliche Ausführung. Nur einfach gekrümmte Flächen sollen für kostengünstige

Die ersten Lokomotivkästen der Baureihe 101 wurden noch in Hennigsdorf gebaut

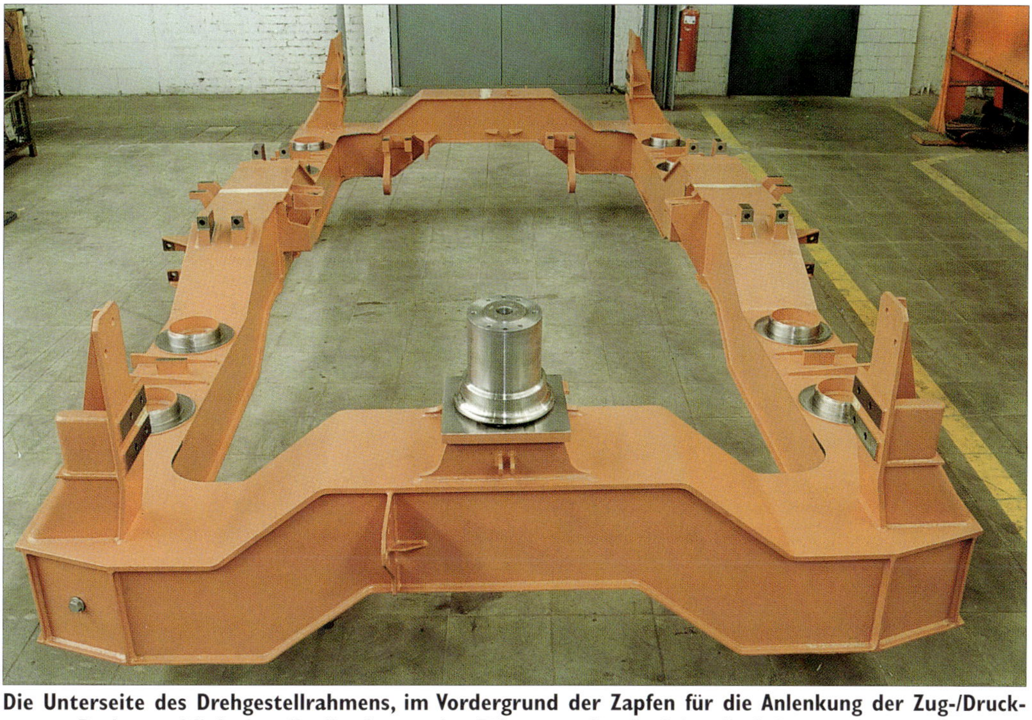

Die Unterseite des Drehgestellrahmens, im Vordergrund der Zapfen für die Anlenkung der Zug-/Druckstange. Rechts und links jeweils die vier runden Führungen für die Sekundärfederung

Herstellung und eventuell erforderliche Reparatur sorgen. Zur Fertigung werden Bleche von 4 mm Stärke verwendet. Auch die eingebauten Fenster sind nur einfach gekrümmt und links und rechts baugleich, bei Anschluß der Scheibenheizung in der Mitte unten, so daß nur ein Scheibentyp benötigt wird. Die Scheiben sind ohne besonderen Rahmen bündig mit der Front eingeklebt, was wartungsfreundlich ist und unnötige Luftwirbel an Kanten vermeidet. Allerdings führt die relativ schräge Front der BR 101 oberhalb einer bestimmten Geschwindigkeit dazu, daß Regenwasser durch den Fahrtwind nach oben getrieben wird und auch bei minimalem Regen einen Wasserfilm von unten über die Scheiben schiebt. Die Scheibenwischer haben mit dem Wischen dieses Wasserfilms mehr zu tun als mit dem eigentlichen Regen.

Zur Freude aller Lokführer münden die aus Leichtmetall gefertigten Türen direkt in das Führerhaus und nicht in den Maschinenraum, was bei einem durchgehenden Mittelgang auch konstruktive Probleme bereitet.

Gewöhnungsbedürftig zumindest für des Personal sind die Seitenfenster des Führerhauses. Es sind Schwenkschiebefenster, welche mit einem leicht zugänglichen Hebel ent- und verriegelt und zum Öffnen nach vorne geschoben werden müssen. Bei rasch anfahrender Lok bereiteten die geöffneten Fenster gelegentlich einige Probleme, da sie durch die Trägheit von alleine in die geschlossene Stellung fuhren und so schon einmal dem Lokführer den Kopf einklemmen konnten, wenn er die sonderbare Konstruktion nicht beachtete und sich nicht vorsah. Dieses Problem ist inzwischen aber bereits behoben. Dafür sind die Fenster wirklich dicht und erzeugen selbst bei hoher Geschwindigkeit keine Windgeräusche.

Die Scheiben der Seitenfenster sind getönt, was von den Lokführern bei Sonneneinstrahlung als sehr angenehm empfunden wird. Die Form dieser Fenster ist von außen gesehen anders als von innen, denn auf der Außenseite ist das Fenster durch ein eingeklebtes undurchsichtiges Glasstück der Rundung der Frontpartie genau angepaßt. Die Führerstandstüren, die Seitenfenster und die Tür zum Maschinenraum sind mit besonderen Dichtungsprofilen zuverlässig abgedichtet, so daß spezielle aufblasbare Dichtungen mit der zugehörigen Steuerung entfallen konnten. Die Tür zum Maschinenraum ist mit einem auch in Notsituationen einfach zu öffnenden Panikverschluß ausgerüstet. Seitentüren und Seitenfenster werden mit einer kleinen oberhalb angebrachten Regenrinne vor herablaufendem Regenwasser geschützt. Zur Ausrüstung der Lok mit Spiegeln, wie in anderen Ländern bestens bewährt, konnte man sich nicht entschließen.

Das Dach besteht aus drei abnehmbaren Teilen in Aluminiumbauweise. Aus Strangpreßprofilen hergestellt sind diese Teile eigenstabil und stützen sich auf die Obergurte der Seitenwände und die fest montierten Dächer der Führerhäuser ab. Das Dach ist gegen die Wände mit einer großvolumigen umlaufenden Dichtung abgedichtet. Aus aerodynamischen Gründen ist das Dach vollkommen glatt und nur mit den beiden Stromabnehmern und den Signalhörnern auf den Führerhäusern ausgerüstet.

Weitere Bauteile auf den beiden äußeren Sektionen des Daches sind zwei Antennen für den Zugbahn- und Diagnosefunk. Den Luftwiderstand erhöhende Bauteile sind ansonsten nicht vorhanden, auch sind keinerlei Schilder an der Lok angebracht. Eine Blende ist seitlich über die Schräge der Lüftungsgitter hinausgezogen und verleiht so der kantigen Lok etwas mehr Stromlinienform. Der eingezogene Stromabnehmer ist hierdurch kaum noch zu sehen.

Bemerkenswert ist die Anordnung der Stromabnehmer, welche verglichen mit der Anordnung bei vielen anderen Loks genau umgekehrt ist. Die beiden Kniegelenke liegen innen, so daß der hintere Stromabnehmer im Kniegang, der vordere im Spießgang läuft. Diese Anordnung ergibt sich aus der Forderung, daß die Wippe des Stromabnehmers genau über der Drehgestellmitte liegt. Bei umgekehrt angeordneten Stromabnehmern hätte das Kniegelenk bereits in die erhöhte Führerhausdachschräge ragen müssen. Bei der Schweizer Lok

2000 ist diese Anordnung genauso, bei der 152 dagegen konventionell.
Die Lok ist mit einem Verschleißpufferträger ausgerüstet, welcher unter der Frontschürze versteckt ist, so daß man diese Konstruktion erst bei genauerem Hinschauen erkennen kann. Hierdurch soll der Rahmen der Lok bei begrenzten Aufstößen vor einer Beschädigung geschützt werden. Die Verkleidung vermeidet ein unharmonisches Aussehen wie bei den jüngeren Loks der Baureihe 140. Bei einem Teil der Baureihe 118 war solch ein Verschleißpufferträger mit seinen Deformationselementen geradezu eine Verunzierung.
Unterhalb des Pufferträgers ist an der üblichen Stelle die Kupplung für die Zugsammelschiene angebracht sowie daneben eine EP-Kupplung zum Anschluß der elektropneumatischen Bremse für Güterzüge, sofern diese einmal verbreitet zur Anwendung kommen sollte.
Der Schienenräumer ist abweichend von älteren Lokomotiven als vereinfachter Schneeräumer, entsprechend der heute üblichen Bauweise, ausgeführt. Unterflur ist der Kasten für die Batterie angeordnet, welche zur einfacheren Wartung seitlich ausfahrbar ist. Weiterte unterhalb des Untergestells montierte Bauteile gehören zur elektrischen Ausrüstung, zur Signaltechnik oder zur Leittechnik und werden dort besprochen.

Drehgestelle, Antrieb und Fahrmotoren

Lokomotiven ohne Drehgestelle sind heute eine absolute Seltenheit geworden und existieren allenfalls noch als Kleinloks oder dreiachsige Rangierlokomotiven. Drehgestelle können sich, wie der Name sagt, gegenüber dem Lokkasten bewegen, ausdrehen und sich den Gleisbögen anpassen. Die Vorteile dieser Bauweise sind vielfältig. Drehgestelle ermöglichen bessere Fahreigenschaften, besonders im Bogen, und machen hierdurch einen Hochgeschwindigkeitsverkehr erst möglich. Sie reduzieren die Kräfte zwischen Fahrzeug und Fahrweg und vermindern so die Abnutzung von Radsatz und Schienen. Weiterer wichtiger Vorteil der Fahrzeuge mit Drehgestellen ist eine mehrstufige Federung: Radsatz gegen Drehgestellrahmen und Drehgestellrahmen gegen Untergestell, primäre und sekundäre Federung also, ohne welche moderne Schienenfahrzeuge kaum vorstellbar sind.
Moderne Lokomotiven haben grundsätzlich Einzelachsantrieb, sind also mit einem Motor je Fahrzeugradsatz ausgerüstet. Die Kraftübertragung zwischen Drehgestellen und der Lok erfolgt entweder über einen Drehzapfen, welcher am Untergestell befestigt ist und um welchen das Drehgestell ausdrehen kann, oder wie heute bei schnellfahrenden Hochleistungslokomotiven üblich, über Zug- und Druckstangen. Hiermit ist die 101 ausgerüstet. Sie greifen am innenliegenden Querträger des Drehgestelles an einem Zapfen an und sind zur Vermeidung von Radsatzentlastung bei hohen Zugkräften so tief als möglich angebracht.
Langjährige sehr gute Erfahrungen mit dem Henschel-Flexifloat-Drehgestell in ausländischen Lokomotiven und in den Triebköpfen des ICE haben zu dessen Einsatz bei der Baureihe 101 geführt. Der Name deutet die außergewöhnlich guten Fahreigenschaften schon an. Unter der Lokomotive 120 004 wurde das Drehgestell seit 1993 hinreichend erprobt, so daß zum Bau größerer Stückzahlen und zum Einsatz unter der 101 nur geringfügige Optimierungen erforderlich waren. Wichtigster Unterschied zur Baureihe 120 ist der von 2800 mm auf 2650 mm verkürzte Radsatzstand. Beim ICE beträgt dieser sogar 3000 mm. Der verkürzte Radsatzstand verleiht dem Drehgestell auch in engen Gleisbögen gute Fahreigenschaften. Auf die zusätzliche Möglichkeit einer radialen Einstellung der Radsätze wurde bei der 101 verzichtet, weil die damit verbundenen Konstruktionen mechanisch recht aufwendig sind. Die Schweizer Lok 2000, die hiermit ausgerüstet ist, legt einen wesentlich größeren Teil ihrer Fahrleistung in Gleisbögen zurück.
Der Rahmen des Drehgestelles besteht aus rechteckigen geschweißten Kastenprofilen,

Eine Radscheibe mit sechs Anlenkpunkten (fünf sichtbar, mit großen Muttern) für die Krafteinleitung in das Rad. Rechts dahinter die Ansicht von innen. Die Radsatzwelle ist hohl gebohrt

24 Räder für acht Loks der Baureihe 101, geliefert von der VSG Verkehrstechnik in Bochum. Deutlich sind rechts die paarweisen Bohrungen für die oben gezeigten Krafteinleitungspunkte erkennbar

Gehäuseloser Fahrmotor (rechts), im Getriebegehäuse leicht nach unten versetzt das Lager für das Zwischenzahnrad, links die beiden Bremsscheiben

Die gleiche Ansicht wie oben, mit der durch das Getriebe- und Motorgehäuse geführten Radsatzwelle. Auf den verstärkten inneren Sitz wird das Rad aufgepreßt, der äußere Sitz nimmt das Radsatzlager auf

Das elastisch ausgefütterte Gehäuse, an welches die Zug- und Druckstange angreift, als Einzelteil ...

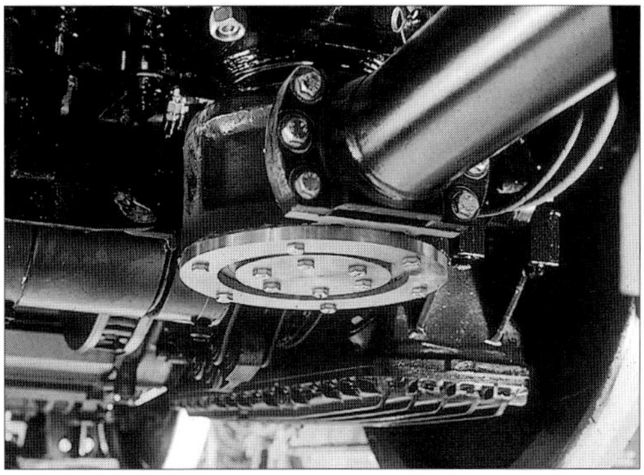

... das Bauteil unterhalb der Lokomotive im eingebauten Zustand an der Drehgestellinnenseite

welche im Bereich der Sekundärfederung nach unten gekröpft sind, und aus zwei Querträgern, die den vorderen und den hinteren Abschluß bilden. Ein Mittelträger ist nicht vorhanden. An den innenliegenden Querträgern ist für die Übertragung der Zug- und Bremskräfte zum Untergestell die bereits beschriebene Stange an kräftigen Zapfen angelenkt, welche zum Angriffspunkt am Untergestell, wo wiederum gleichartige Zapfen angebracht sind, leicht ansteigt. Die Radsatzentlastung ist hierdurch so niedrig wie möglich gehalten. Die Zapfen an Drehgestell und Rahmen bilden zur Zugstange einen rechten Winkel und stehen demzufolge sowohl bezüglich des Drehgestelles als auch des Lokrahmens schräg. Solange die Drehgestelle nicht eingebaut sind, ist diese schräge Anordnung der Zapfen sowohl an den Drehgestellen als auch an der Lok besonders deutlich zu sehen. Da die Drehgestelle sich in Gleisbögen und beim Einfedern relativ zum Lokkasten bewegen müssen, ist eine elastische Anlenkung der Zugstangen beidseitig erforderlich. Hierzu werden die Zapfen in einen Käfig, welcher mit einem 40 mm starken Ring aus einem hochwiderstandsfähigen Elastomeren ausgelegt ist, eingepreßt und dann verschraubt. Die Stangen wiederum sind dann mit diesem Käfig verschraubt. Die mechanischen Anforderungen an diese Bauteile sind besonders hoch und insofern liegt diesen ein besonderes technisches know how zugrunde.

Die hohlgebohrten Radsatzwellen der Lok sind aus Chrom-Molybdän-legiertem Stahl ausgeführt und mit Monoblockrädern versehen. Im Gegensatz zur 120 004 mit einem Raddurchmesser von 1100 mm und dem ICE Triebkopf mit 1040 mm ist man auf eine Forderung der DB zu dem in Deutschland am weitest verbreiteten Raddurchmesser von 1250 mm zurückgekehrt, welcher bis auf einen Durchmesser von

Stichwort: Radsatzentlastung

Radsatzentlastung ist ein beim Anfahren und bei Übertragung hoher Zugkräfte bei Drehgestellokomotiven auftretendes sehr unerwünschtes Phänomen. Die unterschiedlich Höhe der Krafteinleitung von dem Radsatz in das Drehgestell und der Zugkraftübertragung von der Lok auf den Zug erzeugt in den Drehgestellen ein Moment, welches den vorderen Radsatz entlastet und den hintere Radsatz um den gleichen Betrag belastet. Der vordere Radsatz neigt hierdurch vermehrt zum Schleudern, was Zugkrafteinbrüche zur Folge haben kann. Solche Zugkrafteinbrüche können bis 15 % der Zugkraft betragen. Zugkraftübertragung mit Drehzapfen führt durch dessen vorgegebene Höhe vermehrt zur Radsatzentlastung verglichen mit der Kraftübertragung mit Stangen. Durch Tiefanlenkung der Stangen am Drehgestell kann dieser Effekt weiter vermindert werden. Bei bestimmten modernen Lokomotiven, so auch bei der 101, wird durch elektrische Einzelachssteuerung die Radsatzentlastung kompensiert.

1170 mm abgenutzt und zur Reprofilierung abgedreht werden darf. Die Radsätze werden einseitig von der Drehgestellmitte her durch Radsatzlenker in Längsrichtung geführt.
Diese Radsatzlenker übernehmen natürlich auch die Kraftübertragung auf den Drehgestellrahmen, je nach Fahrtrichtung und Radsatz sind dies Zug- oder Druckkräfte. Die Radsatzlager sind über beidseitige Schraubenfedern gegen den Drehgestellrahmen gefedert und zusätzlich mit hydraulischen Dämpfern versehen. Es sind fettgeschmierte Zylinderrollenlager mit einem Gehäuse aus Sphäroguß. Eine Temperaturüberwachung wurde nicht für notwendig erachtet und ist nicht vorhanden. Man verläßt sich heute auf die zahlreich installierten Heißläuferortungsanlagen entlang der Strecke.
Die Federung zwischen Drehgestell und Lokkasten, die sogenannte Sekundärfederung, wird durch Schraubenfedern bewirkt, welche jeweils paarweise hintereinander auf der Kröpfung der Drehgestellängsträger stehen. Diese Federn umschließen jeweils einen auf dem Drehgestellrahmen befestigten Zapfen, durch welchen sie in ihrer Lage gehalten werden. Außer der Federung des Lokkastens ermöglichen sie Relativbewegungen des Drehgestells in allen Richtungen.
Die Bewegungen des Drehgestells sind wiederum durch hydraulische Dämpfer, welche unter anderem eine Drehhemmung bewirken, gedämpft und zusätzlich durch Gummielemente begrenzt. Eine hochliegende Abstützung des Fahrzeugkastens auf diesen Sekundärfedern bewirkt geringere Neigung des Wagenkastens bei im Bogen wirkender Zentrifugalkraft.
Die Eigenschaft von Schraubenfedern, senkrecht zum eigentlichen Federweg Rückstellkräfte aufzubringen und hierdurch das Drehgestell relativ zum Untergestell zu führen, wird als Flexicoilfederung bezeichnet. Diese hat zum Teil die Aufgaben des Drehzapfens übernommen und kommt bei modernen Lokomotiven, so auch bei der 101, häufig zur Anwendung. Ihr Vorteil ist der Entfall verschleißbehafteter und wartungsintensiver Bauteile.

Integrierter Gesamtantrieb

Die Baureihe 101 ist mit einem Antrieb ausgerüstet, welcher von Adtranz als integrierter Gesamtantrieb bezeichnet wird. Diese Bezeichnung steht für eine neue wartungsarme Konstruktion, von welcher besonders hohe Fahrleistungen erwartet werden können. Das Großrad, ein Zwischenrad und das Motorritzel sind in einem gemeinsamen Gehäuse zusammengefaßt und gelagert, an welches der Fahrmotor ohne Lagerschild direkt angeflanscht ist. Das bedarf weiterer Erläuterungen:
Fahrmotoren elektrischer Lokomotiven besitzen beidseitige Lager des Rotors, wobei üblicherweise das Motorritzel, das kleine Zahnrad, außerhalb des Lagers auf der durch das Lager hindurch geführten Welle fliegend angeordnet ist. Entsprechend hohe Kräfte wirken auf die Motorwelle und führen zu einer, wenn auch minimalen, Durchbiegung. Mit solch hochbelasteten fliegenden Ritzeln können daher nicht die wünschenswerten hohen Fahrleistungen von deutlich über zwei Millionen Kilometer (bezogen auf den Fahrmotor) erreicht werden.
Beim integrierten Gesamtantrieb ist dagegen das Motorlager im Getriebegehäuse angebracht und das Ritzel auf der Welle zwischen diesem Motorlager und dem Motor. Der Lagerschild auf der Antriebsseite des Motors, welcher normalerweise dieses Lager trägt, kann hierdurch entfallen und der Motor kann direkt an das Getriebegehäuse angeflanscht werden. Das Motormoment wird über ein weiteres Zahnrad, das Zwischenrad, auf das Großrad übertragen. Auch dieses Zwischenrad, welches in das Großrad eingreift, ist im Getriebegehäuse gelagert. Dieses Großrad überträgt die Kräfte über die Hohlwelle und Kardangelenke auf den Radkörper. Das zusätzliche Zwischenrad vergrößert den Abstand zwischen Radsatz und Motor und schafft damit den für die geforderte Scheibenbremse benötigten Platz. Zusätzlich ermöglicht es weitere konstruktive Freiheiten, beispielsweise für die Verzahnung der Zahnräder. Alle Zahnräder sind 4° schräg verzahnt. Auf die Pfeilverzahnung, wie bei der Baureihe

Der Antrieb der Baureihe 101 mit Fahrmotor, Getriebe und Hohlwelle. Die Bremsscheiben auf der Antriebswelle sind noch nicht montiert. Gut sind die Kardangelenke des Antriebes zu erkennen: rechts zur Kraftübertragung Hohlwelle – Antriebswelle, links zur Kraftübertragung Antriebswelle – Rad – Radsatz

Ein Radsatz mit angebautem Fahrmotor/Getriebe. Rechts die Bohrung für die Aufhängung am Drehgestell

120 vorhanden, hat man aus Kostengründen verzichtet. Hierbei müssen die Zahnräder aus Fertigungsgründen aus zwei einzelnen gegensinnig schräg verzahnten Zahnrädern zusammengefügt werden, was aufwendig ist, so daß eine Kosten-Nutzen-Abwägung hier zu der einfacheren Lösung geführt hat.
Das hermetisch geschlossene Getriebegehäuse ist sehr stabil aus Sphäroguß gefertigt. Seine gute Öldichtigkeit wurde bereits bei der Lok 120 004 nachgewiesen und ist ein Beitrag zum Umweltschutz. Die Relativbewegungen der Radsatzwelle gegen die Antriebswelle, welche nicht durch das Getriebegehäuse hindurchgeführt ist, werden durch die Kardangelenke mit Gummielementen ermöglicht. Die einseitige Ankopplung der Antriebswelle über Kardangelenke an die Radkörper kann man von außen gut erkennen. An jeweils zwei Rädern auf jeder Lokseite sind sechs starke Bolzen durch die Räder hindurchgeführt, welche die Antriebskräfte übertragen. Getriebe und Fahrmotor sind daher voll abgefedert, was für die Fahr-

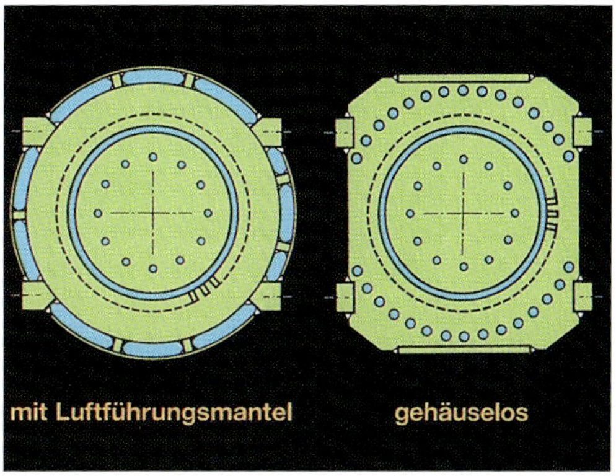

Gehäuselose Fahrmotoren: Die Drehstrommotoren der ersten Generation waren mit einem Mantel zur Luftführung oder einem separaten Gehäuse ausgeführt. Neuere Konstruktionen sind gehäuselos ausgeführt. Hierfür werden die Bleche des Stators so gestanzt, daß sie bereits die äußere Form des Motors bilden. Eingestanzte Löcher, bzw. Kanäle übernehmen dabei die Luftführung und die Wärmeabfuhr. Starke aufgeschweißte Zugleisten halten die Bleche zusammen. Bei der Baureihe 101 führte diese Ausführung zu bedeutenden Gewichts- und Raumeinsparungen

Zwei Drehgestelle fertig montiert, gleich ausgerichtet, zum Einbau wird eines noch um 180° gedreht

eigenschaften einer Lok von hoher Bedeutung ist. Auf der Antriebswelle sind zwei innenbelüftete Bremsscheiben aus Stahlguß angeordnet, welche mittig geteilt sind, so daß sie ohne Zerlegung des gesamten Antriebsblockes ausgebaut und getauscht werden können.

Zur Scheibenbremse gehören noch Bremszangen und Bremszylinder, welche an einer Bremstraverse aus einer Aluminiumlegierung im Antrieb gelagert sind. Die Bremsbeläge bestehen aus einer Sintermetallegierung. Die mechanische Lokbremse kommt im wesentlichen bei Ausfall der elektrischen Bremse zur Anwendung, ist daher aus Sicherheitsgründen unerläßlich.

Als Besonderheit ist die 101 mit sogenannten Putzklötzen ausgerüstet, leichteren Bremsklötzen, welche eine Aufrauhung der Laufflächen an den Rädern zur Verbesserung der Adhäsion erreichen können. Eine nennenswerte Bremswirkung kommt ihnen aber nicht zu. Über den Nutzen und die Anwendung dieser Putzklötze besteht derzeit immer noch Unklarheit, und die Lokführer haben keine weitere Information über deren Bedienung. An zehn Lokomotiven soll die Sinnhaftigkeit dieser Einrichtung nach Auswertung der Versuche schließlich ermittelt werden.

Der gesamte Antriebsblock einschließlich Fahrmotor ist, um die ungefederten Massen so gering wie möglich zu halten, außenseitig mittels zweier Pendel am Drehgestell, innenseitig zur Erleichterung der Montage über einen Hilfsträger am Untergestell befestigt.

Die Fahrmotoren, welche in gehäuseloser Bauweise ausgeführt sind, erreichen bei einer Geschwindigkeit von 220 km/h eine Drehzahl von 3810 Umdrehungen pro Minute und geben bei einer maximalen Leistung von 1683 kW ein Drehmoment von 4,22 kNm ab.

Die Motormassen sind in der Drehgestellmitte konzentriert, was zu einem guten Bogenlauf führt. Diese Anordnung ist möglich, da ein Drehzapfen nicht vorhanden ist.

Die Anschlußleitungen für die Motoren sind wegen nur geringer Relativbewegungen zwischen den nahe zur Drehgestellmitte liegenden Motoren und dem Lokkasten außerhalb der Lüftungskanäle geführt, was ihre Lebensdauer erhöht und die Montage erleichtert. Das Flexifloat-Drehgestell stellt heute ein Optimum an Fahrgüte und Lebenserwartung dar. Unter der Lok 120 004 hat es sich bereits über mehrere Jahre hervorragend bewährt. Ein Drehgestell wiegt fertig montiert 16,8 Tonnen.

Die Druckluftanlage

Auf einer Lokomotive wird für mehrere Verbraucher Druckluft benötigt. Es sind dies in erster Linie die pneumatische Bremse und die Hauptluftbehälterleitung für die Luftversorgung des ganzen Zuges. Für weitere Einrichtungen, wie Stromabnehmer, Hauptschalter, Sandstreuer, Makrofon und ähnliches wird ebenfalls Druckluft benötigt, ebenso wie zum Aufrüsten der Lok. Sollte der Druck im Hauptluftbehälter zum Anheben des Stromabnehmers und Einschalten des Hauptschalters nicht genügen, so kann mittels eines batteriegespeisten Hilfsluftpressers der nötige Druck erzeugt werden.

Die Luft wird im Maschinenraum über einen Trockenfilter mit Wartungsanzeige angesaugt und von einem Schraubenkompressor auf 10 bar verdichtet. Dieser wird durch einen Druckwächter eingeschaltet, wenn der Druck im Hauptluftbehälter unter 8,5 bar sinkt, und ausgeschaltet, wenn 10 bar erreicht sind. Alle Druckangaben sind abweichend von den SI-Einheiten in allen Beschreibungen als bar Überdruck angegeben und so wie vielfach gehandhabt im wissenschaftlichen Sinne nicht korrekt.

Der Luftpresser wird durch einem Temperaturwächter überwacht und beim Überschreiten von 110° Öltemperatur abgeschaltet.

Die erzeugte Druckluft wird entwässert, getrocknet, gefiltert und dann zum Hauptluftbehälter geleitet. Von einem Kondensatabscheider wird das durch Druckanstieg auskondensierte Wasser über einen Schlauch zu einem Kondensatsammelbehälter geleitet. Die Lufttrocknung erfolgt über eine Druckwechseladsorbtion an einem Molekularsieb in zwei

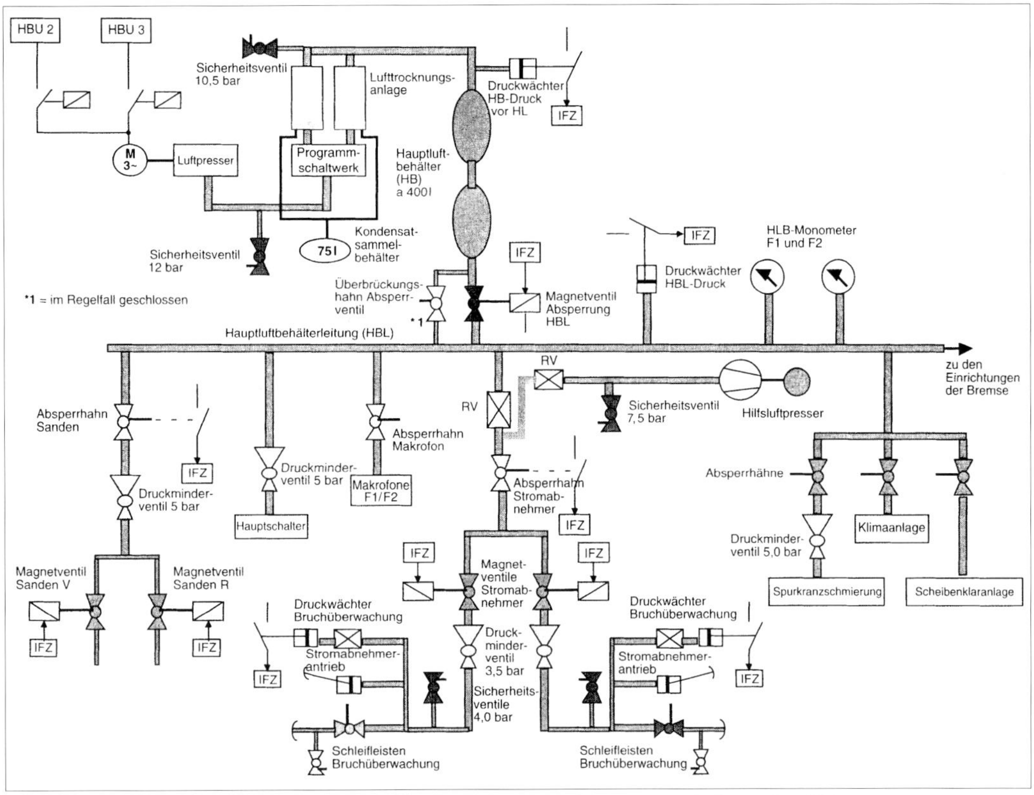

Das Schema der Druckluftbeschaffung, Speicherung und Nutzung in der Baureihe 101

umschaltbaren Behältern von je 65 Litern. Wechselweise wird bei erhöhtem Druck das Wasser adsorbiert und bei niedrigem Druck wieder desorbiert und ins Freie ausgeblasen. Der Umschalttakt ist vier Minuten.

Über einen Feinstfilter gelangt die Druckluft zu den beiden unter der Lok angeordneten jeweils 400 Liter fassenden Hauptluftbehältern. Selbstverständlich wird der Druck im Hauptluftbehälter auf beiden Führerständen an Manometern angezeigt. Beim Abrüsten der Lok wird die im Hauptluftbehälter gespeicherte Luft durch automatisches Schließen eines Absperrhahns vor unbeabsichtigtem Entweichen bewahrt. Über einen normalerweise geschlossenen Bypaß kann dieser allerdings überbrückt werden. Als weitere Druckluftverbraucher sind die Sandstreueinrichtung die Spurkranzschmierung und die Scheibenwaschanlage zu nennen.

Um den Reibwert zwischen Rad und Schiene zu erhöhen benutzen Eisenbahnen seit jeher Sand, welcher vor die Räder gestreut wird.

Bei der 101 ist für die jeweils vorderen Radsätze jedes Drehgestelles eine Sandstreueinrichtung eingebaut. Auf den Führerständen ist ein Taster installiert, welcher durch Ansteuerung eines Magnetventils das Sanden richtungsabhängig einleitet. Der Sand wird in acht Behältern, welche am Untergestell außenseitig befestigt sind, aufbewahrt.

Beim Sanden strömt Druckluft durch die Sanddosieranlagen und die Sandkästen und tritt unter Mitnahme einer einstellbaren Menge an Sand durch die Fallrohre vor den entsprechenden Räder aus.

Bei Temperaturen unterhalb 5°C werden die Sandrohre durch Heizpatronen beheizt, zusätzlich wird der Sand mittels eines durch ein Magnetventil gesteuerten Luftstromes regel-

Die 101 001-6 – das bekannte Gesicht der neuen Baureihe ...

mäßig aufgewirbelt und hierdurch stets zuverlässig trocken und transportfähig gehalten.

Zur Vermeidung übermäßiger Abnutzung der Spurkränze ist die 101, wie alle modernen Lokomotiven, mit einer Spurkranzschmierung ausgerüstet.

Sie besteht aus einer Steuerung, dem Fettbehälter und den zugehörigen Leitungen mit Anschluß an die Hauptluftbehälterleitung. In Abhängigkeit von der Geschwindigkeit der Lok, respektive der Radumdrehungsimpulse, werden fahrtrichtungabhängige elektrische Sprühimpulse an die Anlage gegeben. Das biologisch abbaubare Fett wird pneumatisch in die Hohlkehle zwischen Spurkranz und Radoberfläche gesprüht.

Brandschutz

Die Neubaustrecken der DB haben einen hohen Anteil an Tunnels. Demzufolge spielen Aspekte des Brandschutzes eine herausragende Rolle und erfordern neue, bisher noch nicht verwirklichte Konzepte. Das Eisenbahnbundesamt hat mit der Einstufung der neuen Lokomotivbaureihe in eine höhere Brandschutzklasse diesen Anforderungen Rechnung getragen. Hauptaspekte sind die Verminderung einer möglichen Brandlast, wobei der Personenschutz höchste Priorität genießt.

Die Baureihe 101 verfügt über die passiven Sicherheitseinrichtungen hinaus über vier Rauchmelder an wichtigen Positionen im Maschinenraum, welche an für eine schnelle Raucherkennung besonders geeigneten Stellen

... und ein unscheinbares Detail: Der Sandeinfüllstutzen mit Deckel und Schauglas

Eine Design-Studie von ABB Henschel für die Baureihe 101 aus der ersten Projektphase

installiert sind. Steht für einen Zeitraum von mehr als einer Sekunde ein Alarmsignal dieser Brandmelder an, so wird eine Diagnosemeldung im Display angezeigt und eine entsprechende Sprachausgabe angesteuert.
Das als Kühlflüssigkeit verwendete neuartige Estergemisch weist wegen seines höheren Flammpunktes eine niedrigere Gefährdung auf als früher allgemein eingesetztes Mineralöl. Selbstverständlich sind beide Führerstände zur Bekämpfung von entstehenden Bränden mit geeigneten Feuerlöschgeräten ausgestattet.

Die Bremsanlage

Schnellfahrende Lokomotiven bedürfen hochwirksamer Bremsen höchster Zuverlässigkeit. Um die durch hohe Zugkraftausnutzung und den damit verbundenen Schlupf besonders starke Beanspruchung von Rädern und Laufflächen nicht zusätzlich zu verstärken, ist die 101 mit Scheibenbremsen ausgerüstet. Solche können als besondere Bremsscheiben auf den Hohlwellen um die Radsätze angeordnet, wie auch in Form besonderer Bremsscheiben seitlich an den Radscheiben befestigt sein. Die erste Variante wird bei der 101, wie bereits berichtet, letztere bei den Baureihen 145 und 152 eingesetzt.

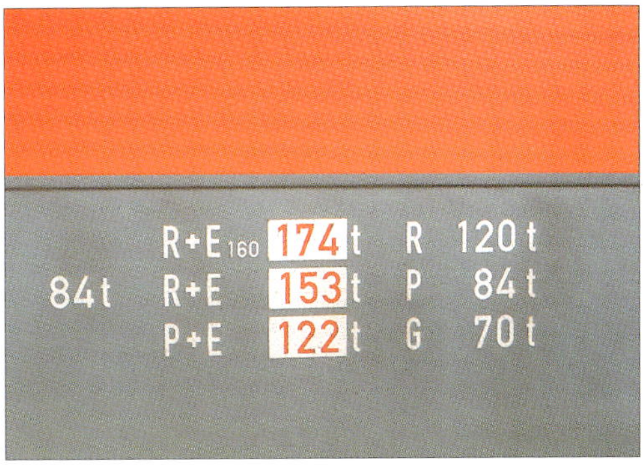

Anschriften an der 101 zur Bremse

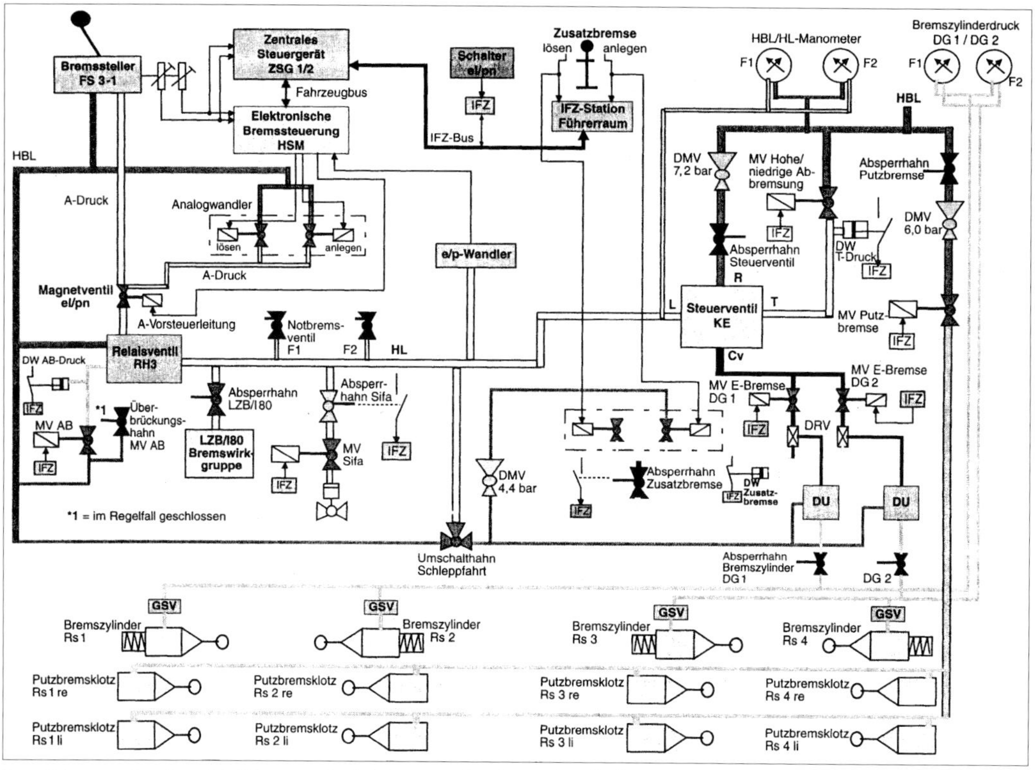

Das Schema der Druckluftbremseinrichtungen der Baureihe 101

Das Bremssystem der 101 kann in fünf verschiedene Anlagen unterteilt werden.

- Direkte Bremse
- Indirekte Bremse
- Feststellbremse
- Putzbremse (was ein nicht ganz korrekter Begriff ist)
- Elektrische Bremse.

Hier sollen nur die Bremsarten besprochen werden, welche mit Druckluft funktionieren und daher mit einigem Recht dem mechanischen Teil der Lok zugerechnet werden können. Kompressor, Lufttrocknungsanlage und die Bremsgerätetafel sowie weitere Teile sind in einem Bremsgerüst zusammengefaßt und vom Mittelgang des Maschinenraums her gut zugänglich. Das gesamte Gerüst läßt sich durch das Dach ausbauen, Teile davon auch im Maschinenraum selbst.

Die direkte Bremse dient zum Abbremsen der allein fahrenden Lok, zum Rangieren und zum Festhalten der Lok. Ihre Ansteuerung erfolgt über einen elektrischen Bremssteller mit den Stellungen: „Vollösen" (Raststellung), „Teillösen" (Taststellung), „Abschlußstellung" (Raststellung Mitte), „Teilbremsen" (Taststellung) und „Vollbremsen" (Raststellung).

Die Luftversorgung erfolgt aus der Hauptluftbehälterleitung über einen auf 4,4 bar eingestellten Druckminderer, welcher den Maximaldruck beim Vollbremsen festlegt. Die Einstellung des gewünschten Luftdruckes erfolgt über zwei Magnetventile, eines zum Einströmen von Druckluft in die Bremszylinder – entsprechend Bremsen, eines zum Entlüften – entsprechend Lösen. Die Anlage wird vom Richtungsschalter derart beeinflußt, daß im unbesetzten Führerstand nur Bremsen, nicht aber Lösen möglich ist.

Der Unterschied zu konventionellen Zusatzbremsen, so die Bezeichnung für die direkte Bremse, ist, daß die Betätigung nicht mehr pneumatisch aus dem Führerstand erfolgt, sondern elektrisch über Magnetventile angesteuert wird. Entsprechend unterschiedlich sind die Bedienungsorgane im Führerstand. Bei dieser Bremse ist die direkte Luftzufuhr in die Bremszylinder das wirkende Prinzip.

Die indirekte Bremse ist eine selbsttätige Druckluftbremse der Bauart Knorr KE mit den Stellungen R, P und G für Rapid, Personenzug und Güterzug, so die heute teils überholten Bezeichnungen. Integriert sind die heute erforderliche Notbremsüberbrückung, um auf Neubaustrecken einen Halt im Tunnel zu vermeiden, und die EP-Bremse, eine elektropneumatische Ansteuerung der Bremsen im Zug, so dort vorhanden. Das Prinzip der Bremse ist die Speisung der Bremszylinder der Lok und des ganzen Zuges aus Luftvorräten bei einer Druckabsenkung in der Hauptluftleitung. So wird bei Zugtrennungen, größeren Undichtigkeiten der Leitung und bei Notbremsung der Zug selbsttätig gebremst, woraus der Name für die Bremse hergeleitet ist.

Im Gegensatz zum Steller der direkten Bremse, welcher beim Betätigen ausschließlich elektrische Signale erzeugt, ist das Führerbremsventil FS 3-1 für die indirekte Bremse ein pneumatisches Regelorgan mit zusätzlicher Generierung elektrischer Signale. Dieses Führerbremsventil hat eine Füllstoßstellung, eine Fahrtstellung, acht verschiedene Betriebsbremsstufen sowie eine Stellung für die Schnellbremsung. Die elektrischen Signale werden durch redundante ,vom Bremssteller bewegte Potentiometer erzeugt. Beide Bremssteller unterscheiden sich von denen älteren Lokomotiven nennenswert und stehen, ergonomische günstiger angeordnet, senkrecht auf der Bedienkonsole des Führerstandes. Die Ausführung ist der im ICE sehr ähnlich.

Rechts neben dem Führerbremsventil ist der sehr ähnliche Steller für die elektrische Bremse angeordnet, welcher allein oder gekoppelt mit dem Führerbremsventil betätigt werden kann. Zur Betätigung ausschließlich der pneumatischen Bremse kann er entkoppelt werden. Die Schnellbremsstellung der indirekten Bremse wird automatisch ausgelöst bei Ansprechen der SIFA, bei Zwangsbremsung durch die Indusi sowie durch die Linienzugbeinflussung. Im unbesetzten Führerstand ist das Führerbremsventil unwirksam, mit Ausnahme der Stellung Schnellbremsung, welche aus Sicherheitsgründen immer betätigt werden kann.

Die elektrische Bremse der Lok sowie die pneumatische Bremse von Zug und Lok sind eng miteinander verbunden, derart, daß bei normalen Bremsungen die Abbremsung der Lok fast bis zum Stillstand von der elektrischen Bremse übernommen wird. Weitere Einzelheiten sind bei der Beschreibung der elektrischen Bremse zu finden.

Eine durch Absenkung des Druckes in der Hauptluftleitung eingeleitete Bremsung läßt Luft aus den aufgefüllten Hilfsluftbehältern über Steuerventile in die Bremszylinder strömen, wodurch die Bremszangen an die Bremsscheiben angelegt werden. Die Lokomotive ist mit insgesamt vier Bremszylindern, einem je Radsatz, ausgerüstet. Die Bremsscheiben übertragen die Bremskraft auf die Antriebshohlwelle und diese wiederum über die Kardangelenke auf den Radsatz. Die Scheibenbremse hat inzwischen im Betrieb der 101 wie auch beim ICE ihre Überlegenheit gegenüber der früher üblichen Klotzbremse nachgewiesen.

Die Feststellbremse, früher noch mit einem Handrad anzulegen, wobei jedesmal die Zahl der notwendigen Umdrehungen zur Überwachung einer Abnutzung zu zählen war, ist als Federspeicherbremse ausgeführt. Wie der Name sagt, wird die Feststellbremse durch Federn angelegt und durch Druckluft gelöst. Die Federspeicherbremse arbeitet daher stets zur sicheren Seite hin und wird bei Verlust der Luft automatisch angelegt. Ein Bewegen der Lok ohne Luftvorrat ist daher ohne spezielle Eingriffe nicht möglich.

Die Zylinder für die Federspeicherbremse sind an die normalen Bremszylinder angebaut und enthalten eine starke Feder, welche die Bremse normalerweise anlegt. Zum Lösen strömt Luft in diese Zylinder, wodurch die Kraft der Feder überkompensiert und somit die Bremse gelöst

Die 101 001 „Starlight-Expreß“ am 15. August 1998 mit dem IR 2478 bei Heidelberg

Ein Vergleich der Stirnpartien der Schweizer Lok 2000 und der Baureihe 101

wird. Angesteuert wird die Federspeicherbremse über Magnetventile und die auf jedem Führerraum an der Rückwand angebrachte Leuchttaster „Federspeicher anlegen“ oder „Federspeicher lösen“. Da zu jedem Bremszylinder ein solcher für die Federspeicherbremse gehört, sind natürlich vier Stück vorhanden. Die Federspeicherbremse kam in ähnlicher Bauart schon bei der Baureihe 120 und beim ICE zur Anwendung. Die Bedienung ist einfach, die Wirkung zuverlässig und sicher. Die Zuleitungen zu den Federspeicherbremsen sind mittels Manometern überwacht, und bei einem anstehendem Signal (< 0,8 bar) „Federspeicherbremse angelegt“ wird gleichzeitig eine Traktionssperre ausgelöst. Bei einem Schlauchbruch und demzufolge einem automatischen Anlegen der Federspeicherbremse wird diese Traktionssperre ausgelöst und bei einer Geschwindigkeit über 10 km/h eine Schnellbremsung ausgelöst. Um in solchem Fall dennoch weiterfahren zu können, kann die Federspeicherbremse über eine Notlöseeinrichtung unwirksam gemacht werden. Am Display im Führerstand steht dann eine entsprechende Meldung an.

Die Möglichkeit zur Ausschaltung der Federspeicherbremse und deren Überwachung besteht selbstverständlich auch bei geschleppter und nicht besetzter Lok. Die Stellung der Federspeicherbremse ist an der Ausleuchtung der Bedientaster im Führerstand zu erkennen.

Eine Magnetschienenbremse ist bei der Baureihe 101 nicht vorhanden. Die Luftleitung zur Lokbremse sowie die zur Federspeicherbremse sind mit sogenannten Bremsaußenanzeigen versehen, welche es ermöglichen, den Zustand der Bremsen von außen zu erkennen, da ja Bremsklötze, deren Lage leicht ersichtlich wäre, nicht mehr vorhanden sind.
Diese Anzeiger funktionieren rein pneumatisch, das heißt auch ohne Stromversorgung durch die Batterie. Es sind rote und grüne Schauzeichen am Langträger vorhanden, rot für angelegt und grün für gelöst, je zwei für jedes Drehgestell und weitere zwei für die Federspeicherbremse.
Da die Baureihe 101 mit Scheibenbremsen ausgerüstet ist, entfällt die mit den Bremsvorgängen eintretende Aufrauhung der Radoberflächen. So sehr dies aus Gründen des verminderten Verschleißes wünschenswert ist, so fehlt aber die aus antriebstechnischen Gründen durchaus wünschenswerte Rauhigkeit der Räder, was eine Herabsetzung des Haftwertes zwischen Rad und Schiene zur Folge haben kann. Abhilfe soll hier ein Putzklotz je Rad schaffen, insgesamt acht Stück, mit je einem eigenen Druckluftzylinder, welche unter Zwischenschaltung eines Druckminderers aus der Hauptluftbehälterleitung mit maximal 6 bar beaufschlagt werden können. Diese Einrichtung, dem bei älteren Loks verwendeten Schleuderschutz nicht ganz unähnlich, wird bei der 101 erstmals eingesetzt, so daß Erfahrungen erst mit fortschreitendem Einsatz der Loks gesammelt werden müssen. Zu Beginn des Einsatzes der 101 war die Putzklotzbremse überhaupt nicht in Betrieb gesetzt und die Lokführer waren über den Umgang mit dieser Einrichtung nicht eingewiesen. Erste Versuche zeigten, daß der vorgesehene Anpreßdruck zu hoch war und daß bei Betätigung dieser „Putz-Bremse" bereits ein ungewollter Bremseffekt auftrat. Inzwischen ist diese Einrichtung bei den Loks mit vollen Zehnernummern in Betrieb und wird automatisch angesteuert. Man wird abwarten müssen, ob nicht das Fahren mit einem vorgegebenen kontrollierten Schlupf die Radlaufflächen in ähnlicher Weise automatisch aufrauht. So befindet sich der gesamte Problemkreis noch im Experimentierstadium.

Makrofone

Auf dem Dach der Lok oberhalb der Führerhäuser sind jeweils vor den Stromabnehmern zwei Makrofone installiert, welche mit Druckluft beaufschlagt werden können. Hierbei wird ein durchdringender Warnton aus den zwei Frequenzen 370 Hz und 660 Hz erzeugt. Durch die Addition zweier Schallquellen wird ein bewußt disharmonischer Ton erzeugt, welchem man eine besondere Signalwirkung beimißt. Die Betätigung kann rein pneumatisch über ein fußbetätigtes Rollenhebelventil in der Führerpultnische oder elektropneumatisch mittels zweier an verschiedenen Stellen im Führerhaus angebrachter Taster erfolgen. Bei Defekten an der Makrofonanlage kann diese durch einen Luftabsperrhahn außer Betrieb gesetzt werden, um eine niemals ganz auszuschließende Daueransteuerung mit allen daraus entstehenden Problemen vermeiden zu können.

Klimaanlage

Beide Führerstände der 101 sind mit einer Klimaanlage und einem Druckschutz für die Fahrten auf den Neubaustrecken ausgerüstet. An einer Konsole links unterhalb des Führerpultes befinden sich die Bedienungseinrichtungen für die Klimaanlage. Es können die Betriebsarten „Lüften", „0", „Hand" und „Automatik" gewählt werden. In der Stellung „Lüften" wird über einen in der Drehzahl regelbaren Ventilator ohne Heizung Luft zugeführt. In der Stellung „Hand" und „Automatik" wird die Klimaanlage eingeschaltet, wobei die Drehzahl des Lüfters und die Raumtemperatur in jeweils sieben Stufen eingestellt werden können. In der Stellung „Automatik" wird eine von der UIC vorgegebene Temperatur von 21°C eingeregelt. Das Kompaktgerät der Klimaanlage ist im Führerstand links unter dem Führerpult untergebracht und mit Trägern direkt mit der Struktur

des Führerhauses verbunden. Als Kältemittel kommt R 13, ein Fluorkohlenwasserstoff, zum Einsatz, welchem nicht den FCKW (Fluorchlorkohlenwasserstoffe) vergleichbare umweltschädliche Eigenschaften zukommt.
Die Führerräume sind in druckgeschützter Bauart ausgeführt, um den Lokführer vor den unangenehmen Druckstößen bei Tunnelfahrt oder bei Zugbegegnungen zu schützen. Hierzu müssen die Führerstände zunächst einmal an Fenster, Türen sowie allen Durchführungen von Leitungen und Kabel dicht ausgeführt sein. Zwei Hochdrucklüfter sowie je eine Druckschutzklappe für die Zu- und Abluft sorgen für einen konstanten Druck. Eingeschaltet werden diese Einrichtungen über Schütze und Magnetventile von einem Taster in der gleichen Konsole unterhalb des Führerpultes. Das Einschalten des Druckschutzes bei schnell fahrender Lok ist deutlich zu hören und zu bemerken. Fenster und Türen, auch die Tür zum Maschinenraum, sind augenfällig stabil ausgeführt. Die Tür zum Maschinenraum ist mit einem neuartigen Verschluß (Panikverschluß) ausgerüstet, welcher einerseits ein dichtes Schließen dieser Tür gewährleistet, andererseits im Notfall sehr schnell einen Fluchtweg freigeben kann.

Design und Äußeres der Baureihe 101

Die äußere Gestaltung einer Lokomotive wird von technischen Zwängen und den Designvorstellungen des Bestellers gleichermaßen bestimmt. Die Abmessungen der Baureihe 101 folgen, wie bei allen deutschen Loks, dem Schweizer Umgrenzungsprofil und würden theoretisch den freizügigen Einsatz der 101 auch in der Schweiz erlauben. Hier ist ein Stück Zukunft in der Verkehrspolitik bei der Beschaffung neuer Fahrzeuge zwar schon impliziert, obwohl ein Einsatz deutscher Schnellzuglokomotiven in der Schweiz über Basel hinaus recht unwahrscheilich ist, da außer der Stromabnehmerwippe nennenswerte zusätzliche Ausrüstungen mit Signaltechnik und Funk erfolgen müßten.
Für schnellfahrende Lokomotiven ist der Luftwiderstand ein entscheidendes Kriterium zur Gestaltung der äußeren Form. Galt dies schon zu Zeiten schnellfahrender Dampflokomotiven, so gelangt der Widerstandsbeiwert mit zunehmendem Geschwindigkeitsniveau und zunehmender Bedeutung des Energieverbrauches für die Life Cycle Costs zu besonderer Wichtigkeit. Allerdings bereiten Lokomotiven das konstruktive Problem, daß mit besonders stromlinienförmiger Gestalt der Kopfform praktisch immer eine Erhöhung des Luftwiderstandes beim Übergang von der Lok auf den ersten Wagen des Zuges einhergeht. Bei Ausschreibung der 101 wurde daher auch ein Triebkopf mit nur einseitigem Führerstand als denkbare Variante angefragt, jedoch wegen der Einschränkungen bei einem Einsatz solch eines Fahrzeuges nicht weiterverfolgt.
Verglichen mit der 120 ist die Kopfpartie deutlich schräger, leicht gerundet und so glatt als möglich ausgeführt. Die Lampen sind vollständig hinter mit der Front bündigem Glas versenkt, und außer vier Handgriffen zum Aufsteigen und Fensterputzen, den Scheibenwischern sowie den UIC-Steckdosen ragen keine Teile aus der Front heraus. Zum anderen bestand für die 101 die Forderung, keine sphärisch gekrümmten Bleche für die Frontseite einzusetzen, um die Fertigung zu vereinfachen und eventuelle Reparaturen nicht zu verteuern. Um die 101 als Schnellzuglokomotive

Hauptdaten des mechanischen Teils der Baureihe 101

Länge	19100 mm
Breite	2950 mm
Gewicht	84 t
Drehgestellradsatzstand	2650 mm
Raddurchmesser	1250 mm
Drehgestellmittenabstand	10 950 mm

nota bene: Die Länge über Puffer der sechsachsigen Baureihe 103 beträgt 19 500 mm in der kürzeren Variante, also nur 400 mm mehr als die der vierachsigen 101!

von den anderen Neubauloks mit sehr ähnlicher Formgebung doch etwas herauszuheben, hat man ihr eine Verkleidung des Fahrwerkes bis auf die Höhe der Radsatzlager und eine Verkleidung des Daches durch Blenden in Fortsetzung der Lüftungsgitter spendiert. Die glatte Schürze um das Fahrwerk ist nur durch beidseitig vier Einfüllöffnungen für den Sand sowie eingelassene Tritte zu jeder Führerstandstür unterbrochen. Die Sandkästen haben Schaugläser, um die hinreichende Füllung mit Sand einfach erkennen zu können. Auch in den Schrägen auf den Frontseiten befinden sich Aussparungen mit jeweils einem Tritt, welche in Verbindung mit den Haltegriffen neben den Lampen und weiteren Griffen an den bündigen Verkleidungen für die Scheibenwischermotoren ein Aufsteigen auf die Puffer zum Fensterputzen und zum Kuppeln des UIC-Kabels ermöglichen. Auf den Puffern befindet sich jeweils ein weiterer Tritt aus einem Gitterrost. Der Aufstieg ist allerdings nicht besonders komfortabel und ein Opfer des Designs der Lok. Die Aufstiege zu den Führerhäusern sind mit langen Griffstangen versehen, welche als einzige Teile aus der Seitenwand herausragen.

Das Design der 101 wurde noch von ABB Henschel und dem Stuttgarter Designbüro BPR in enger Abstimmung mit der DB gestaltet und aus einer Vielzahl von Entwürfen bezüglich Formgebung und Farbgestaltung schließlich ausgewählt. Ob der ausgewählte Entwurf wirklich der am besten gelungene ist, das darf allerdings bezweifelt werden. Eine Schönheit wie die Schweizer Lok 2000 ist die 101 keinesfalls geworden, und sie wirkt schon einigermaßen funktional, oder wenn man so sagen will, trotz leuchtend roter Farbgebung doch eigentümlich farblos.

Der Anstrich der 101 ist, nachdem zunächst andere Varianten vorgestellt wurden, dem neuen Corporate Identity der DB angepaßt und in der Farbe Verkehrsrot, RAL 3020, ausgeführt. Langträger, Schürzen und Dachschräge sind in der Farbe Basaltgrau, RAL 7012, lackiert.

Die Formgebung der 101 wurde für die Loks der Baureihen 152 und 145 weitgehend übernommen. Die genannte Farbe trägt die 101 allerdings erst ab der Seriennummer 004, denn die Loks 001 – 003 sind noch in der dunkleren Variante Orientrot, RAL 3031, mit Schürzen und Dachschrägen in Quarzgrau, RAL 7039, lackiert. Diese Loks unterscheiden sich auch in kleinen Details im Bereich der Lüftungsgitter und der Schürzen von der mit der Nummer 004 beginnenden Serie.

Die Loks 101 130 und 131 sind für das Projekt Metropolitan in Silber lackiert. Die Lok 001 wurde nachträglich mit blauer Folie als Werbeträger für ein Musical und die Firma Märklin beklebt. Über die Ästhetik dieser Lok kann man wirklich geteilter Meinung sein, und es ist schon denkbar, daß konservative Reisende am Bahnsteig angesichts der wenig schönen, von den Seitenwänden herabschauenden Figuren einen Schreck bekommen.

Bleibt noch zu erwähnen, daß anläßlich des Jubiläums „150 Jahre Lokomotivbau in Kassel“ die 101 089, bedauerlicherweise nur kurzzeitig, eine seitliche Anschrift mit Hinweis auf dieses Ereignis trug. Mit der Aufschrift „Adtranz, 150 Jahre Lokomotivbau in Kassel“ und einer stilisierten Darstellung des „Drache“ (erste Lok von Henschel) und des Blue Tiger (jüngste Konstruktion von Adtranz Kassel) an den Seitenwänden nahm sich die Lok recht gut aus. Der generellen Vermietung ihrer Loks als Werbeträger steht die DB zumindest derzeit noch ablehnend gegenüber.

Geradezu künstlerische Gestalt hatten unter den Eisenbahnfahrzeugen der Nachkriegszeit der VT 11, die V 200 und die E 10 in der Variante mit Bügelfalte, letztere beiden natürlich nur in der Originalgestalt und nicht mehr in den im Laufe der Jahre diese Loks völlig verunstaltenden Formen und Farben. Auch die 103 war in ihrer ursprünglichen Farbe und mit Pufferschürzen versehen eine höchst eindrucksvolle Lok. Gemessen an solchen Schönheiten nimmt sich unsere 101 doch einigermaßen provinziell aus. Und man wird erst noch abwarten müssen, welchen Farbvarianten auch diese Lok im Laufe der kommenden Jahre wohl noch unterworfen werden wird. Teile, welche man zur so-

Weitere Anschriften an der Baureihe 101

Fremdeinspeisung, Erdungspunkt Dachleitung, Federspeicherbremse 3 x bis Anschlag ziehen (Lösen der Federspeicherbremse), Anstrichgewährleistung bis ..., Absperrhahn für Kondensatbehälter, Raster für Revisionsdaten Rev AE = Abnahmedatum in Eidelstedt, ADtranz (mit Majuskel D und Punkt) auf schwarzen Feld.
Alle Ziffern und Buchstaben sind aufgeklebt, die Bremsanschriften teilweise gelb und rot.

genannten Entfeinerung später einmal abmontieren könnte, sind glücklicherweise von vornherein kaum mehr vorhanden.
Auf zwei Besonderheiten, welche insbesondere die Fotografen stören können, sei an dieser Stelle noch hingewiesen: Die 101 zeigt seitlich bis etwa 1/3 der Kastenhöhe eine ganz besondere Anfälligkeit für Verschmutzung, welche die Lok häufig in einen schmutzigen unteren und einen relativ sauberen oberen Teil trennt. Da die Loks nur bei einer Frist gewaschen werden, sieht man schon einmal recht verdreckte Exemplare vor den Zügen. Eine weitere Problemecke ist die Aussparung im Untergestell an den Aufstiegen zum Führerstand, wo man durch Verschließen dieser Öffnung nach innen versucht, Abhilfe zu schaffen. Darüberhinaus kann der glänzende Lack gelegentlich schöne Fotos bei bestem Sonnenschein verderben, denn dieser Glanz kann bei Aufnahmen von schräg vorne zu häßlichen Spiegelungen der Sonne führen.
Schilder sind an modernen Lokomotiven nicht mehr angebracht, alle wichtigen Informationen sind nur noch angeschrieben. Eine Ausnahme davon macht eine am Untergestell angeklebte, aber unauffällige kleine Plakette mit der individuellen Referenznummer des Eisenbahnbundesamtes für jede Lok. Auf dieser Plakette ist auch die individuelle Seriennummer der Lok enthalten.
Mit Symbolen sind die Einfüllöffnungen für Sand sowie die Anhebestellen gekennzeichnet, auf die Bremsanschriften wurde bereits hingewiesen. Seitlich der Führerstandstüren sind unten die Nummern 1 oder 2 zur Kennzeichnung der Führerstände angeschrieben, ferner trägt jede Lok beidseitig eine schwarze Adtranz-Firmenbezeichnung. Das DB-Logo sowie die aufgeklebten Loknummern mit Kontrollziffer an den üblichen vier Stellen sind selbstverständlich. Ferner trägt die Lok beidseitig Anschriften über die Bremsbauart mit Hinweis auf Scheibenbremsen und Ausrüstung mit der EP-Bremse. In einem Raster können Revisionsdaten eingetragen werden. Die Länge über Puffer sowie der Mittenabstand der Drehgestelle sind ebenso angeschrieben wie der die Lok einsetzende Geschäftsbereich Reise & Touristik und die Heimatdienststelle, derzeit für alle Maschinen Hamburg-Eidelstedt, das ICE-Betriebswerk, in welchem die Loks einigermaßen provisorisch stationiert sind.

Immer wieder faszinierend: Der Blick aus dem ersten Wagen zur Lok, über hinweggleitenden Schotter ... Die Zeit der Schilder ist vorbei, Aufkleber für Logo und Nummer sparen Geld

Während in vielen Veröffentlichungen als Lokgewicht noch 87 oder 88 Tonnen genannt sind, beträgt das effektive Gewicht der Lok nach dem Verwiegen ziemlich genau 84 Tonnen. Dieses Gewicht ist auch korrekterweise an der Lok angeschrieben. Die genannten 88 Tonnen waren die maximal zulässige Vorgabe der DB, es gelang jedoch, bei fortschreitender Konstruktion deutlich Gewicht einzusparen.

Der elektrische Teil der Baureihe 101

Die Baureihe 101 ist für eine Fahrdrahtspannung von 15 kV und eine Frequenz von 16,7 Hz konstruiert und kann demzufolge unter anderen Systemen nicht eingesetzt werden. Ein solcher Einsatz ist für deutsche Schnellzugloks auch kaum erforderlich. Lediglich in Österreich kann die Lok nach Anpassung einiger Details bezüglich der Rückwirkungen freizügig verkehren. In der Schweiz wäre nach Austausch zumindest der Wippe eines Stromabnehmers sowie Nachrüstung mit Zugsicherungssystem und Funk ein Betrieb möglich.

Stromabnehmer

Als Stromabnehmer kommen die für hohe Geschwindigkeit von der Firma Dornier entwickelten und in Hennigsdorf gebauten Typen DSA 350 SEK mit jeweils zugeordneter Hochspannungsdachdurchführung zum Einsatz. Die Durchführung des Stromabnehmers 1 führt direkt zum Hauptschalter, während die Verbindung zum Stromabnehmer 2 innerhalb des Lokkastens mit einem an der Seitenwand verlegten Kabel hergestellt wird. Wie in einigen ICE-Triebköpfen schon erprobt, sind diese Stromabnehmer mit einer Schleifleistenbruchüberwachung ausgerüstet, welche pneumatisch ständig beide vorhandenen Schleifleisten auf Unversehrtheit überprüft und im Falle eines Bruches den Stromabnehmer automatisch senkt. Hierzu befindet sich in den Schleifleisten aus Kohle ein unter Überdruck stehender Luftkanal, welcher bei Beschädigung einer Schleifleiste seine Druckluft verliert und hierdurch rein pneumatisch wirkend ein Schnellentlüftungsventil in der Luftleitung zum Stromabnehmer öffnet. Durch diese Einrichtung soll die Fahrleitung vor Folgeschäden bewahrt werden. Gehoben wird der Stromabnehmer pneumatisch über einen Druckluftbalg mit Seilzug, betätigt von einem Taster auf jedem Führerstand. Dieser Taster hat die Stellungen „Hoch“, „Nieder“ und „Nieder + Sanden“. Letztere kommt in Notfällen zur Anwendung. Die Stromabnehmervorwahl wird auf dem Führerstand 1 an einem Wahlschalter an der Batterietafel vorgenommen, durch Anwahl der Stellungen „Stromabnehmer 1“, „Stromabnehmer 2“, „Stromabnehmer 1+2“ und „Automatik“. In dieser Stellung wird abhängig vom besetzten Führerpult jeweils der hintere Stromabnehmer angewählt. Die Luftzufuhr zum Heben des Stromabnehmers sowie zur Schleifleistenüberwachung erfolgt vom Dach aus mit zwei isolierenden Teflonschläuchen zum Stromabnehmer, wodurch die Spannung von 15 kV überbrückt wird. Die Luftleitung zum Stromabnehmer ist mit einem Druckwächter ausgestattet, welcher den Anhebebefehl überwacht und diesen, falls innerhalb von sechs Sekunden nicht ein hinreichender Druck ansteht, wieder zurücknimmt.

Wird bei angehobenem Stromabnehmer der Wahlschalter verändert, so wird der jeweils andere Stromabnehmer gehoben und der zuvor angelegte erst gesenkt, wenn die Rückmeldung über erfolgtes Anlegen ansteht.

In der Luftleitung zum Heben der Stromabnehmer ist ein Absperrventil mit einem Schlüssel installiert, welcher nur in geschlossenem Zustand abgezogen werden kann. Dieser Schlüssel ist zum Betätigen des Erdungsschalters am Hochspannungsgerüst erforderlich. Auf dem Dach der Lok sind zwei Überspannungsableiter jeweils in der Nähe der Stromabnehmer, ein weiterer im Hochspannungsgerüst eingebaut, welche die Transformatorwicklungen vor unzulässig hohen Spannungen, z.B. vor Blitzschlägen, schützen. Die Hochspannungsleitung zur Verbindung beider Stromabnehmer sowie der Hauptschalter sind im Maschinenraum untergebracht, so daß das Dach von weiteren Aufbauten frei ist.

Der handbedienbare Erdungsschalter unterbricht bei Betätigung hochspannungsseitig

Der Stromabnehmer mit der Dachdurchführung (rechts) und dem Überspannungsableiter (links). Die Teflon-Schläuche dazwischen dienen der Schleifleistenüberwachung und zum Heben und Senken. Sie sind elektrisch nicht leitend und überbrücken 15 kV

Die Hochspannungsdachdurchführung im Detail

zweimal, je vor und nach dem Hauptschalter, die Energiezufuhr zur Lok und verbindet gleichzeitig die Hochspannungsleitungen mit der Raderde. Eine Betätigung bei gehobenem Stromabnehmer wird durch einen Schlüssel verhindert. Ein Oberspannungswandler mißt bei angelegtem Stromabnehmer die Fahrdrahtspannung. Er besitzt zwei Sekundärwicklungen, von welchen eine an den Lokschutz angeschlossen ist, die andere den Spannungspfad des Energiezählers speist. Gleichermaßen wird der Oberstrom über einen Oberstromwandler gemessen und das Signal an den Lokschutz und an den Strompfad des Energiezählers geleitet. Oberspannung und Oberstrom werden selbstverständlich auf dem Führerstand angezeigt. Weitere Wandler überwachen Differenzströme über den Transformator, den Filterkreis sowie die Zugsammelschiene.

Dem Verschleiß unterworfene Teile des Stromabnehmers sind die Schleifleisten aus Kohle, welche bei Erreichen eines Grenzmaßes nach etwa 150 000 – 180 000 km Fahrleistung der Lok erneuert werden müssen. Im Rahmen der Nachschau werden diese Schleifleisten regelmäßig kontrolliert und bei Bedarf gewechselt. Wegen der Bruchüberwachung hat die 101 eine spezielle, von anderen Loks verschiedene Schleifleiste.

Der Hauptschalter

Der Hauptschalter elektrischer Lokomotiven ist ein außerordentlich wichtiges Bauteil, welches nicht nur die Lok von der Hochspannung trennen soll, sondern auch Mensch und Maschine vor allen Gefahren der Hochspannung schützen muß. Hierzu wird er willentlich, aber auch von einer Vielzahl von Unregelmäßigkeiten automatisch ausgelöst. Er muß jederzeit in der Lage sein, die Lok unter voller Last in Bruchteilen einer Sekunde von der Fahrleitung zu trennen, ohne durch Lichtbögen Schaden anzurichten. Der Hauptschalter ist daher grundsätzlich ein Leistungsschalter.

Die Baureihe 101 ist mit einem Hauptschalter der Firma Adtranz, Typ DAF 5E.2 ausgerüstet, welcher in Hennigsdorf gebaut wird. Es han-

delt sich um einen wartungsarmen Vakuumhauptschalter mit einem Federspeicherantrieb. Betätigt wird dieser Hauptschalter durch die Kraft einer Feder, welche durch Druckluft gespannt wird. Mit der Federspannung kann der Schalter mindestens „Aus", wieder „Ein" und nochmals „Aus" geschaltet werden, wobei die Feder nach jedem Schaltvorgang erneut gespannt wird. Die Schaltkontakte liegen in einer Vakuumdose, haben einen sehr kurzen Schaltweg und sind bei langer Lebensdauer praktisch wartungsfrei. Ein Lichtbogen, welcher bei Nulldurchgang von Spannung und Strom erlischt, läßt Metall verdampfen, welches in Mikrosekunden wieder auf den Metallflächen kondensiert. Das Isolationsniveau ist für 25 kV konstruiert.
Bewegt wird die Hochspannungszuführung selbst in axialer Richtung, wobei diese Durchführung gegen die Vakuumkammer durch einem Metallfaltenbalg zuverlässig abgedichtet ist. Der Hauptschalter ist mit weiteren Hochspannungsausrüstungen im Maschinenraum im sogenannten Hochspannungsgerüst eingebaut. Dieses ist vor versehentlichem Zutritt sicher geschützt.

Energiezähler

Wollte man zur Ermittlung der Life Cycle Costs den Energieverbrauch einer Lokomotive ermitteln, so war man bisher auf Schätzungen angewiesen. Die 101 ist nun wie jeder Haushalt mit einem Energiezähler ausgestattet, welcher neu entwickelt wurde und sich auch zum nachträglichen Einbau in ältere Fahrzeuge eignet. Die aus der Fahrleitung bezogene Energie wird mittels der bereits erwähnten Strom- und Spannungswandler gemessen, welche sehr genau arbeitende Geräte mit Bauartzulassung der Physikalisch Technischen Bundesanstalt und somit eichfähig sind. Diese Wandler sind Spezialtransformatoren mit definiertem Übersetzungsverhältnis, die es erlauben, hohe Ströme und Spannungen, wie am Eingang zur Lok vorhanden, in meßtechnisch besser verarbeitbare Signale umzuwandeln. Die gemessenen analo-

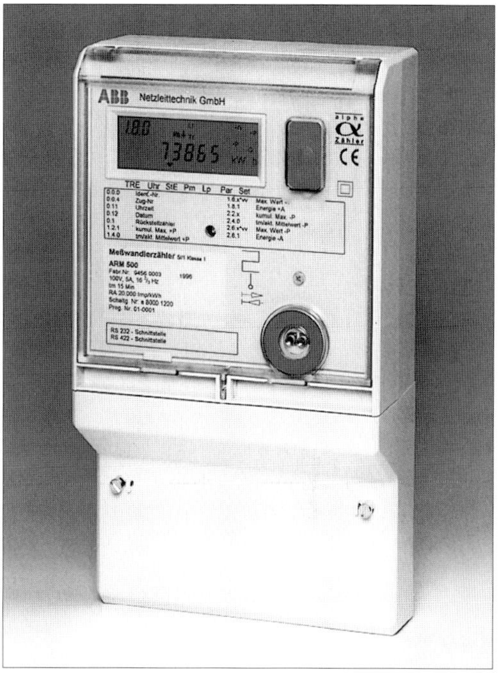

Der in die Lokomotiven der Baureihe 101 erstmals eingebaute Energiezähler

gen Daten werden digitalisiert und alle 15 Minuten in einem Speicher abgelegt, aus welchem sie nach Bedarf abgerufen werden können. Sie können am Gerät selbst über ein Display abgelesen und ebenso über eine serielle Schnittstelle am Führerpult ausgelesen werden. Die Speicherkapazität reicht bei vierundzwanzigstündiger Nutzung der Lok für 90 Tage aus. Mit einer zugehörigen Auswertesoftware läßt sich der Inhalt dieses Speichers auch graphisch darstellen und nachträglich auswerten. Die Anlage ist erweiterbar zur Datenübertragung per Funk, versehen mit der jeweiligen Zugnummer, wodurch die Energieverbrauchsdaten jeder einzelnen Zugfahrt zu ermitteln wären. Eingebaut ist der Energiezähler im verschlossenen Hochspannungsgerüst und läßt sich vom Maschinenraum her durch ein Sichtfenster ablesen.
Ist die Frage ganz fernliegend, warum diese nützliche Einrichtung nicht schon seit Jahrzehnten zur Ausrüstung elektrischer Lokomotiven zählt? Eine energiesparende Fahrweise

wird hierdurch in jedem Falle erleichtert und auch nachprüfbar, wodurch Erinnerungen an die Kohleprämie aus den Zeiten der Dampflokomotive zwangsläufig wach werden. Allerdings ist es nicht leicht einzusehen, daß diese intelligente Neuerung bei allen ausgelieferten Loks zunächst gar nicht in Betrieb ist. Eine bisher nicht erfolgte Eichung sollte eigentlich kein Grund sein, dieses wertvolle Gerät und die erfolgte Investition vorläufig nicht zu nutzen, denn eine etwas weniger präzise Angabe des Energieverbrauches ist allemal besser als gar keine.

Der Transformator

Im Gegensatz zur früher verbreiteten Bauart elektrischer Lokomotiven ist seit der Baureihe 120 der Transformator der Lok unterflur angeordnet und macht so den Weg frei für eine intelligentere Anordnung aller Geräte im Maschinenraum, bessere Zugänglichkeit dieser Geräte und einen geraden gefahrlosen Durchgang durch den Maschinenraum für das Personal. Die Bauart des Transformators ist durch diese neue Art des Einbaus nennenswert beeinflußt. Für den Einbau des Transformators war zu berücksichtigen, daß dieser bei leichteren Entgleisungen der Lok nicht beschädigt wird.
Außer der Primärwicklung ist der Transformator mit acht Sekundärwicklungen ausgerüstet:

- Vier Traktionswicklungen mit 1514 V und 1,6 MVA, zur Versorgung der Stromrichter
- Eine Hilfsbetriebewicklung 1000 V und 600 kVA zur Versorgung der Zugsammelschiene
- Eine Hilfsbetriebewicklung 1000 V und 100 kVA zur Versorgung des Störstromfilters
- Eine Hilfsbetriebewicklung 315 V und 180 kVA zur Versorgung der drei Hilfsbetriebeumrichter
- Eine Hilfsbetriebewicklung 203 V und 20 kVA zur Versorgung von Ladegerät, Führerraumheizung, Klimaanlage und Druckschutz.

Der Transformatorkessel ist in Leichtbauweise aus Stahlblech aufgebaut und besitzt tragende Funktion, wofür er an den größeren Flächen durch aufgeschweißte Profile verstärkt ist.
Als Kühlmedium für den Transformator wird ein Polyolestergemisch eingesetzt, welches von zwei separaten und unabhängigen Pumpen über die Flüssigkeitskühler umgepumpt wird. Die Pumpen sind ohne Wellendurchführung als sogenannte Spaltrohrmotorpumpen ausgeführt, und sind somit zuverlässig gegen Undichtigkeiten geschützt.
Die Rotoren der zugehörigen Drehstrommotoren liegen im Kühlmedium und werden von diesem umströmt. Mittels vorhandener Absperrorgane können die Pumpen separat abgesperrt und ohne Entleerung des Trafokessels ausgebaut werden. Bei Ausfall eines Kühlkreislaufes bleibt der Transformator funktionsfähig und kann noch 65 Prozent seiner Leistung erbringen.
Im Kühlkreislauf ist als Detektor für Gasblasen ein sogenanntes Buchholz-Gerät (im Prinzip ein Schwimmermeßgerät) eingebaut. Mit ihm werden Gasblasen erkannt und es werden Maßnahmen ausgelöst. Nach einer Vorwarnung wird bei stärkerer Blasenbildung der Hauptschalter ausgeschaltet.

Kenndaten des Transformators	
Gewicht	13100 kg
Inhalt Kühlmittel	2100 kg
Nennleistung	7600 kW
Oberspannungswicklung	15 kV, 7600 kVA
Traktionswicklungen	4 x 1600 kW bei 1514 Volt
Heizwicklung	1000 V, 900 kW
Störstromfilter 1000 V	100 kW
Hilfsbetriebe 315 V	180 kW
Hilfsbetriebe 203 V	20 kW
Übertemperatur	95°C (Ester 55°C)
Kühlmittelstrom	2 x 54 m³/h

Kenndaten der Saugkreisdrossel im Trafogehäuse	
Induktivität	2,95 mH
Nennstrom	850 A
Spannung bei 850A	460 V
Frequenzabstimmung	33 1/3 Hz
Gewicht	900 kg

Legende:

ES = Erdungsschalter
FSW = Filterstromwandler
FW = Fahrwicklung 1514 V
HS = Vakuum-Hauptschalter
HW = Hilfsbetriebewicklung
KT = Koppeltrenner
M = Fahrmotor
NFK = Netzfilterkondensator
NFD = Netzfilterdrossel
NFW = Netzfilterwiderstand
PWR = Pulswechselrichter
OSW = Oberstromwandler
RE = Raderde
SA = Stromabnehmer DSA 350 SEK
SFK = Sicherung Filterkreis
SK = Saugkreis
TR = Transformator
ÜSA = Überspannungsableiter
ZK = Zwischenkreis
4QS = Vierquadrantensteller
= = Gleichspannung

Belegung der Hilfswicklungen

Hilfsbetriebewicklung 203 V
- Führerraumheizung
- Klimaanlage
- Batterieladegerät

Hilfsbetriebewicklung 351 V
- Hilfsbetriebeumrichter 1, 2 und 3

Hilfsbetriebewicklung 1000 V
- Versorgung der Zugsammelschiene über ZS-Schütz

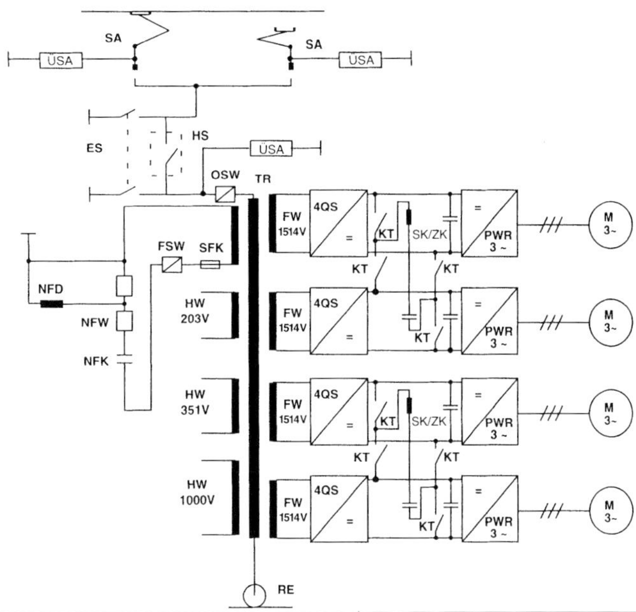

Der Hauptstromkreis der Baureihe 101

Um eine Restwelligkeit des Netzstromes auszufiltern, welche durch die Taktung der Eingangsstromrichter auftritt, ist ein Störstromfilter vorgesehen. Es besteht aus einer Gruppe von Drossel, Widerstand und Kondensator. Eine separate Filterwicklung liegt im Trafo um die Sekundärwicklung für die Zugsammelschiene. Die Drossel, der Widerstand und der

Der Transformator, links unten eine der beiden Kühlmittelpumpen, der Aufsatz oben links ist ein Ausdehnungsgefäß für das Kühlmedium, das beim Transport des bereits gefüllten Trafos nötig ist. Unten in der Mitte der Hochspannungsanschluß, welcher durch einen Winkelstecker hergestellt wird

Der Stromrichterschrank von der Rückseite, einschließlich der Verrohrung für das Kühlmedium

Kondensator sind im Hochspannungsgerüst untergebracht. Aufgabe dieses Filters ist es, Netzrückwirkungen zu unterdrücken. Das Störstromfilter ist bei der 101 auf der Sekundärseite verwirklicht, mit dem Vorteil, daß kleinere und leichtere Bauteile verwendet werden können. Bei der 120 ist dieses noch oberspannungsseitig angeordnet. Sämtliche Sekundäranschlüsse des Transformators sind auf zwei Durchführungsplatten geführt, welche direkt unterhalb der Anschlüsse für die Stromrichter liegen. Hierdurch wird der Aufwand für die Verkabelung deutlich reduziert.
Im Transformatorkessel sind zusätzlich die beiden Saugkreisdrosseln untergebracht. Zur Rückführung des Stromes zu den Schienen ist die Primärwicklung des Transformators über einen Rückstromwandler als Betriebserde an drei Radsätze geführt. Der vierte Radsatz ist über eine Drossel von den anderen entkoppelt und übernimmt die Schutzerdung der Lok.

Kühlkreislauf für Transformator und Stromrichter

Die im Transformator erzeugte Verlustwärme wird über das Kühlmedium an die Umgebungsluft abgeführt. Das Esterkühlmedium ist nicht nur biologisch abbaubar, sondern auch im Brandverhalten günstiger als früher verwendetes Mineralöl. Jede der beiden Kühlmittelpumpen fördert das Kühlmittel über eine separate Kühlanlage. Diese sind mit den Kühlern für das Kühlmittel der Stromrichter gemeinsam in zwei Kühltürmen im Maschinenraum angeordnet, durch welche Radialgebläse von oben in Öffnungen im Dach angesaugte Luft fördern und diese auf der Unterseite der Lok ausblasen.
Die Luftansaugung, insgesamt 16 m^3/sec, erfolgt über besonders wirksame Schalldämpfer, wodurch ein wesentlicher Beitrag zur geringen

Geräuschbildung der Lok geleistet wird. Die Kühler für Stromrichter und Trafo sind übereinander angeordnet, wobei der für die Stromrichter im Kühlturm oben liegt und demzufolge etwas kältere Luft zugeführt bekommt. Die Kühltürme sind drehgestellweise angeordnet, so daß bei Ausfall eines Kühlturmes die Stromrichter für ein Drehgestell stillgelegt werden müssen, die Lok aber noch mit 50 Prozent ihrer Leistung weiterbetrieben werden kann, da ja die Trafokühlung durch den anderen mit verminderter Leistung erhalten bleibt. Die Umwälzpumpen für das Kühlmittel der Stromrichter sind in den jeweiligen Schränken eingebaut. Letztlich wird die gesamte Verlustwärme der Lok an die Umgebungsluft abgeführt, teilweise direkt, teilweise indirekt unter Zwischenschaltung von Kühlmittelkreisläufen.

Die Kühlmittelkreisläufe haben den Vorteil eines besseren Wärmeüberganges und der einfacheren Gestaltung einer Flüssigkeitsleitung verglichen mit einem voluminösen Luftkanal. Für die Flüssigkeitskreisläufe sind an deren höchster Stelle Ausgleichsgefäße mit Schaugläsern vorhanden. Die Temperatur der Kreisläufe wird gemessen und die Kühlleistung bedarfsgerecht geregelt. Die Motoren der Radiallüfter für diese Kühlkreisläufe werden im Regelfall vom Hilfsbetriebeumrichter 2 mit Energie versorgt.

Detail des Kühlers: Der Motor treibt das darüberliegende Lüfterrad, die Förderrichtung ist von oben nach unten. Links das sogenannte Buchholz-Gerät, das Gasblasen im Kühlmittel ortet

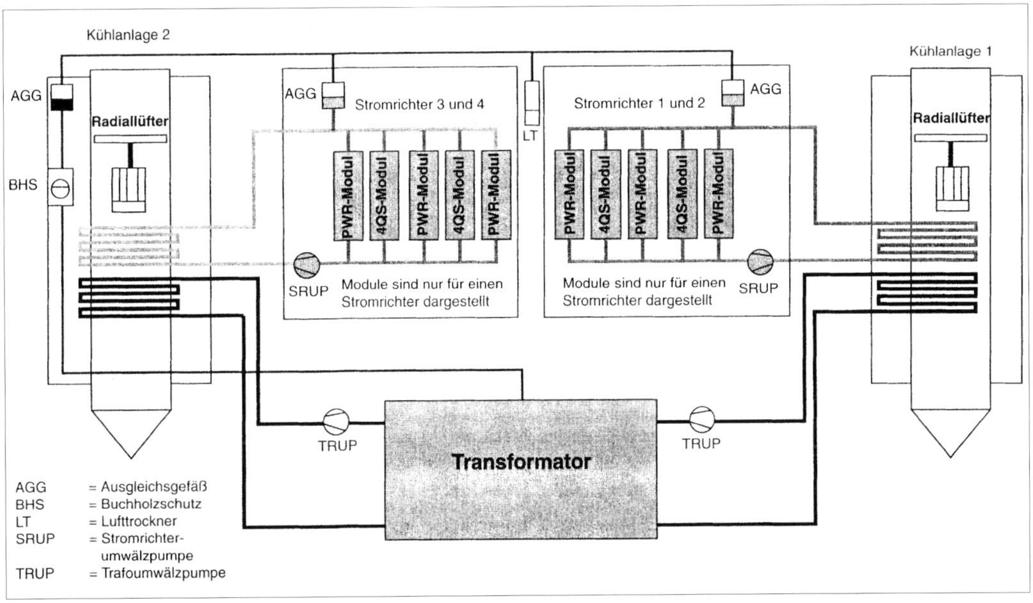

Der Kühlkreislauf von Transformator und Stromrichter

Die Traktionsstromkreise

Die Baureihe 101 ist mit einem separaten Traktionsstromrichter je Fahrmotor und Radsatz ausgerüstet. Man verspricht sich durch die hierdurch mögliche Ansteuerung jedes einzelnen Radsatzes eine bessere Ausnutzung der Haftreibung und damit eine bessere Zugkraft der Lok, insbesondere bei schweren Anfahrten. Die Meinungen, inwieweit dieses Ziel erreicht wird, gehen allerdings auseinander. So hat diese Anordnung bei der Schweizer Lok 465 (BLS) die erwartete Zugkrafterhöhung, verglichen mit der 460 (SBB), welche eine drehgestellweise Ansteuerung besitzt, überraschenderweise nicht signifikant erbracht.

In jedem Falle aber besitzt der elektrische „Einzelachsantrieb" den unbestreitbaren Vorzug einer höheren Betriebssicherheit der Lok durch eine höhere Redundanz. Bei Ausfall eines Antriebsstromrichters bleiben noch 75 Prozent der Zugkraft der Lok erhalten, und diese kann somit fast jede Traktionsleistung bis zur Wiederherstellung erbringen.

Die Traktionsstromrichter sind im Zwischenkreis paarweise parallel geschaltet, können jedoch im Störungsfall durch Trenner getrennt werden. Sie sind räumlich paarweise zusammengefaßt und in Form eines kompakten Stromrichterblockes links und rechts des Mittelgangs im Maschinenraum untergebracht. Hierdurch ergeben sich kürzeste Kabelverbindungen vom Trafo.

Die Stromrichter sind in Schränken aufgebaut, welche mit einer zusätzlichen Lüftung versehen sind. Die Luft hierfür wird aus dem Maschinenraum angesaugt und von den Kühltürmen ausgeblasen. Die Stromrichter sind für eine besonders einfache Montage und Demontage eingerichtet dadurch, daß elektrische Verbindungen, soweit dies möglich ist, steckbar gestaltet und die Flüssigkeitsverbindungen für das Kühlmedium mit speziellen, schnell lösbaren und totraumarmen Kupplungen ausgerüstet sind.

Kenndaten Stromrichter	
Regelspannung im Zwischenkreis	2800 V
Nennstrom	2 x 1280 A
Taktfrequenz	183,3 Hz
Maschinenfrequenz	0 – 130 Hz
Maschinenspannung	2 x 2190 V
Maschinenstrom	2 x 630 A
Wechselrichter Taktfrequenz	250 Hz
Gewicht mit Kühlflüssigkeit	3900 kg

Jeder Traktionsstromrichter besteht aus den wesentlichen Teilen Vierquadrantensteller, Gleichspannungszwischenkreis mit angekoppeltem Saugkreis und dem Pulswechselrichter. Das grundlegende Arbeitssprinzip der Stromrichter ist eine Zerhackung von Spannung und Strom in Phase in Blöcke unterschiedlicher Dauer und Richtung mittels GTO-Thyristoren. Als Endergebnis resultieren wiederum weitgehend sinusförmige Ströme an den Fahrmotoren beim Fahren oder an der Fahrleitung beim Bremsen.

Der Vierquadrantensteller ist im Fahrbetrieb ein gesteuerter Eingangsgleichrichter für die von der Trafowicklung zur Verfügung gestellte Eingangsspannung und im Bremsbetrieb ein Wechselrichter zur Rückspeisung der generatorisch erzeugten elektrischen Energie über den Transformator in die Fahrleitung. Natürlich kann die elektrische Bremse nur betrieben werden, wenn die Fahrleitung die abgegebene Energie auch aufnehmen kann. Der Vierquadrantensteller, abgekürzt 4QS, ermöglicht in beiden Richtungen den Austausch von Wirk- und Blindleistung zwischen einem Wechselstrom- und einem Gleichstromnetz. Hierher rührt auch der Name. Er besteht aus einer Kombination von Brückengleichrichter und einem zwangskommutierten Wechselrichter. Im Fahrbetrieb wirkt er als ein schnell getakteter Gleichrichter, welcher je nach erforderlicher Leistung den sekundärseitigen Strom des Trafos in Blöcke unterschiedlicher Breite oder Dauer zerhackt – man spricht von einer pulsbreitenmodulierten Rechteckspannung, im Bremsbetrieb dagegen als Wechselrichter, welcher Gleichstrom auf ähnliche Weise wieder in einen Strom von 16,7 Hertz umwandelt. Der

Aufwand an Bauelementen ist seit dem Erscheinen der GTO-Thyristoren deutlich vermindert.
Zwischen 4QS und den Pulswechselrichtern befindet sich ein Gleichspannungszwischenkreis mit einer konstant gehaltenen Spannung von 2800 Volt, welche durch Drosseln, Widerstände und Kondensatoren im sogenannten Saugkreis geglättet, das heißt von Restwelligkeit soweit als möglich befreit wird. Der Saugkreis saugt durch kurzfristige Energiespeicherung in Drosselspulen und Kondensatoren Spannungsspitzen der mit doppelter Netzfrequenz, also mit 33 Hertz, pulsierenden Spannung ab. Der Zwischenkreis dient unter Verwendung der Kondensatorbatterien auch als kurzzeitiger Speicher bzw. Energielieferant für den jeweiligen Pulswechselrichter.
Die Kondensatoren des Zwischen- und des Saugkreises sind Folienkondensatoren spezieller Spezifikation. Der Drehstrom variabler Spannung und variabler Freqenz wird durch die Pulswechselrichter (PWR) wiederum durch Pulsbreitenmodulation aus der Zwischenkreisspannung im Fahrbetrieb erzeugt.
Im Bremsbetrieb wandelt der Pulswechselrichter den durch den negativen Schlupf der Fahrmotoren entstehenden Bremsstrom in Gleichstrom um und speist diesen in den Zwischenkreis ein.
Wesentlicher Unterschied zwischen dem Vierquadrantensteller und dem Pulswechelrichter ist die Zahl der Phasen. Die drei Phasen des durch die Pulswechselrichter erzeugten Drehstroms sind um 120 Winkelgrad gegeneinander verschoben. Die Taktung der einzelnen Vierquadrantensteller ist zur gleichmäßigeren Belastung des Fahrleitungsnetzes zeitlich gegenseitig versetzt. Obwohl die Sekundärwicklung des Trafos nur 1500 Volt zur Verfügung stellt, liegt die Spannung des Gleichspannungszwischenkreises bei 2800 Volt. Das Hochsetzen der Spannung durch den Vierquadrantensteller erfolgt durch dessen rasche Schaltvorgänge aus der im Trafo in Form von Streuinduktivität magnetisch gespeicherten Energie, nicht unähnlich der Funktion einer Zündspule beim Ottomotor.
Zu jeder Stromrichtergruppe gehören Trennschalter sowie Lade- und Entladeschütze. Mit-

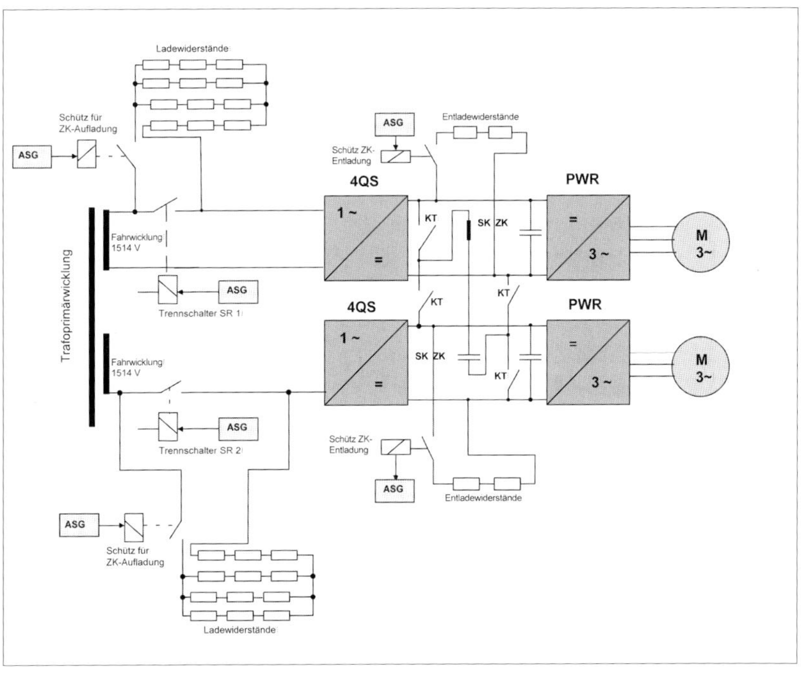

Der schematische Aufbau für zwei Stromrichter bei der Baureihe 101. 4QS bedeutet Vier-Quadranten-Steller, PWR Puls-Wechsel-Richter

Kenndaten Fahrmotor	
Dauerleistung	1632 kW
Maximalleistung	1683 kW
Höchstdrehzahl	3940 min-1
Polzahl	4
Gewicht	2186 kg
Kühlluftstrom	1,6 m³/sec
maximales Anfahrdrehmoment	12,1 kNm
Lagerung	Zylinderrollenlager
Schmierung	Fett im Motorlager, Öl im Getriebelager
maximale Spannung	2186V
maximaler Strom	570 A
maximale Frequenz	134,7 Hz

tels der Ladeschütze wird der Zwischenkreis beim Einschalten, das heißt bei Traktionsanforderung aus ausgeschaltetem Zustand, auf Sollspannung aufgeladen. Erst danach schalten automatisch Trennschalter ein, welche die Ladeschütze überbrücken und den Zwischenkreis über die 4QS an die Sekundärwicklungen des Trafos legen. Beim Abschalten der Traktionsleistung wird die in den Kondensatoren des Zwischenkreises gespeicherte Energie über die Entladeschütze und Entladewiderstände abgebaut. Der Zwischenkreis ist für jeweils zwei Stromrichter gemeinsam geschaltet, jedoch kann durch die sogenannten Koppeltrenner ein defekter 4QS oder PWR aus dem Zwischenkreis abgetrennt werden, wobei die Saugkreisschaltung für die zweite Sromrichtereinheit komplett erhalten bleibt.
Die Ansteuerung der die Stromrichter aufbauenden GTO-Thyristoren erfolgt über die sogenannten „Gate Units", welche die zum Ein- und Ausschalten der Thyristoren nötige Impulse liefern. Diese Gate Units wandeln ihrerseits über Lichtwellenleiter zugeführte Lichtimpulse aus den Antriebssteuerungen in die Zündimpulse für die Thyristoren um.
Die Leistungshalbleiter für moderne Lokomotiven können auf dem Markt gekauft werden und stammen außer von ABB (Schweiz) von den Firmen Siemens, ehemals von AEG oder in größerem Umfang auch von mehreren japanischen Herstellern. Hier bleibt die Entwicklung weiter im Fluß und kaum eine Lokomotivserie wird vom ersten bis zum letzten Exemplar mit den gleichen Halbleitern ausgestattet sein, um jeweilige weitere Fortschritte dieser Technik zu nutzen. Speziell zu diesem Zweck sind Versuchsfahrzeuge, wie die 120 004, die 12X der Adtranz (früher AEG) oder der Eurosprinter von Siemens, auch weiterhin im intensiven Betrieb, obwohl die aus ihnen hergeleiteten Serienlokomotiven längst in großer Stückzahl fertiggestellt sind.

Fahrmotoren und Fahrmotorlüfter

Die vier Fahrmotoren der Baureihe 101 sind Drehstromasynchronmotoren in gehäuseloser Bauart. Die Motoren sind im integrierten Gesamtantrieb mit dem Getriebe zu einer Einheit verbunden. Die Blechpakete des Stators, in welchen die Luftkanäle zur Kühlung bereits eingestanzt sind, werden durch Zugleisten zusammengepreßt. Durch den Einbau des antriebsseitigen Lagers im Getriebegehäuse kann das Lagerschild entfallen, wodurch der Fahrmotor leichter und kürzer werden konnte.
Die Statorwicklung besteht aus Spulen, welche in mit Folie ausgekleidete Nuten eingelegt und mit einer speziellen Isolierung versehen sind. Der Rotor besteht ebenfalls aus Dynamoblechen, welche durch Preßplatten zusammengehalten werden. Die Kurzschlußringe sind zwischen den Blechpaketen und den Preßplatten angeordnet. In Nuten der Blechpakete sind die Läuferstäbe aus Kupfer eingetrieben und verstemmt. Bei der Konstruktion wurde auf eine torsionsschwingungsarme Gestaltung des Kurzschlußkäfigs besonders geachtet.
Jeder Motor besitzt einen eigenen Stromrichter und wird über eine separate Antriebsteuerung geregelt. Die Drehzahl jeden Motors wird über einen opto-elektrischen Impulsgeber erfaßt und der zugehörigen Antriebssteuerung zugeführt. Der Geber dieses Meßgerätes ist eine an die Motorwelle angeflanschte Scheibe. Die Statortemperaturen werden über Fühler ge-

messen und die Signale ebenfalls der Antriebssteuerung zugeführt. Sie dienen der Anforderung an die Kühlung und steuern hierfür die Fahrmotorlüfter durch den Hilfsbetriebeumrichter 1. Bei Überschreitung von Grenzwerten wird die Traktionsleistung reduziert oder schließlich unterbrochen.

Die Getriebeübersetzung ist mit 3,95 so gewählt, daß bei Höchstgeschwindigkeit der Lok eine Drehzahl der Fahrmotoren von 4000 min^{-1} nicht überschritten wird. Natürlich ist bei einer vorgegebeben Geschwindigkeit die Drehzahl der Fahrmotoren abhängig von der Abnutzung und dem verbliebenen Durchmesser der Räder. Auch die Getriebetemperaturen werden durch Fühler überwacht.

Jeder Fahrmotor wird von einem eigenen zugeordneten Fahrmotorlüfter bedarfsgerecht gekühlt. Die Kühlluft tritt durch eine rechteckige Öffnung des aus Aluminiumguß gefertigten nichtantriebsseitigen Lagerschildes ein und tritt durch Öffnungen an der Seite des Getriebekastens wieder aus. Bei maximaler Drehzahl der Lüfter wird ein Volumen von je 2,1 m^3/sec Luft gefördert, von welcher 0,5 m^3/sec durch eine Bypassöffnung über ein Filter in den Maschinenraum abgezweigt werden und diesen ständig unter leichtem Überdruck halten.

Wie bei modernen Lokomotiven üblich werden zur Sauberhaltung des Maschinenraums die Luftströme zu den einzelnen Lüftern in geschlossenen Kanälen von der Dachschräge aus geführt und ebenso an der Unterseite der Lok ausgeblasen. Die Verbindungen von der Unterseite des Lokkastens zu den relativ zu diesem beweglichen Fahrmotoren erfolgt wie bei anderen Loks auch über flexible Bälge. Die Fahrmotorlüfter sind im Maschinenraum über der Mitte der Drehgestelle beidseitig des Mittelgangs mit kurzen Luftwegen zu den Motoren angeordnet.

Hilfsbetriebeumrichter	
Anzahl	3
Nennspannung Eingang	315 V
Netzfrequenz	16,7 oder 50 Hz
Zwischenkreisspannung	660 V
Ausgangsspannung	20 – 440 V
Ausgangsfrequenz	3 – 60 Hz
Kühlung	forciert mit Luft
Gewicht	390 kg

Hilfsbetriebe und Hilfsbetriebeumrichter

Die Hilfsbetriebe einer Lok sind Einrichtungen, welche zur Stromversorgung des Bordnetzes, zur Kühlung und zur Versorgung der Zugsammelschiene dienen. Auch die Kompression von Luft sowie die Klimatisierung der Führerstände zählt zu den Hilfsbetrieben. Soweit Motoren zu Antrieben nötig sind, so werden diese mit Drehstrom versorgt, welcher in den Hilsbetriebeumrichtern aus Einphasenwechselstrom erzeugt wird.

Aus der Hilfsbetriebewicklung 315 Volt des Transformators werden drei Umrichter gespeist. Im Störungsfall kann ein Umrichter die Last eines zweiten übernehmen. Diese Hilfsbetriebeumrichter von je 90 kW Leistung sind modernste statische Umrichter, welche in IGBT-Technik aufgebaut sind. Neueste Insulated Gate Bipolar Transistors ermöglichen eine weitere Verminderung von Einbauvolumen und Gewicht. Die Eingangsspannung vom Trafo wird durch zwei parallele Hochsetzsteller, als Zweiquadrantensteller bezeichnet, in eine konstante Gleichspannung von 660 Volt umgewandelt und in einen Zwischenkreis eingespeist. Ein Wechselrichter steuert bedarfsgerecht Spannung und Frequenz zur Versorgung der angeschlossenen Drehstrommotoren. Die Ausgangsspannung beträgt 20 – 440 Volt, die Frequenz 3 – 60 Hz.

Die Hilfsbetriebeumrichter zeichnen sich durch einen hohen Leistungsfaktor (nahe 1), durch hohen Wirkungsgrad und einen praktisch sinusförmigen Strom aus.

Die Umrichtergeräte sind in Schränken aus Aluminiumblech aufgebaut und bestehen aus einem gekapselten Innenraum mit allen schmutzempfindlichen Bauteilen und einem

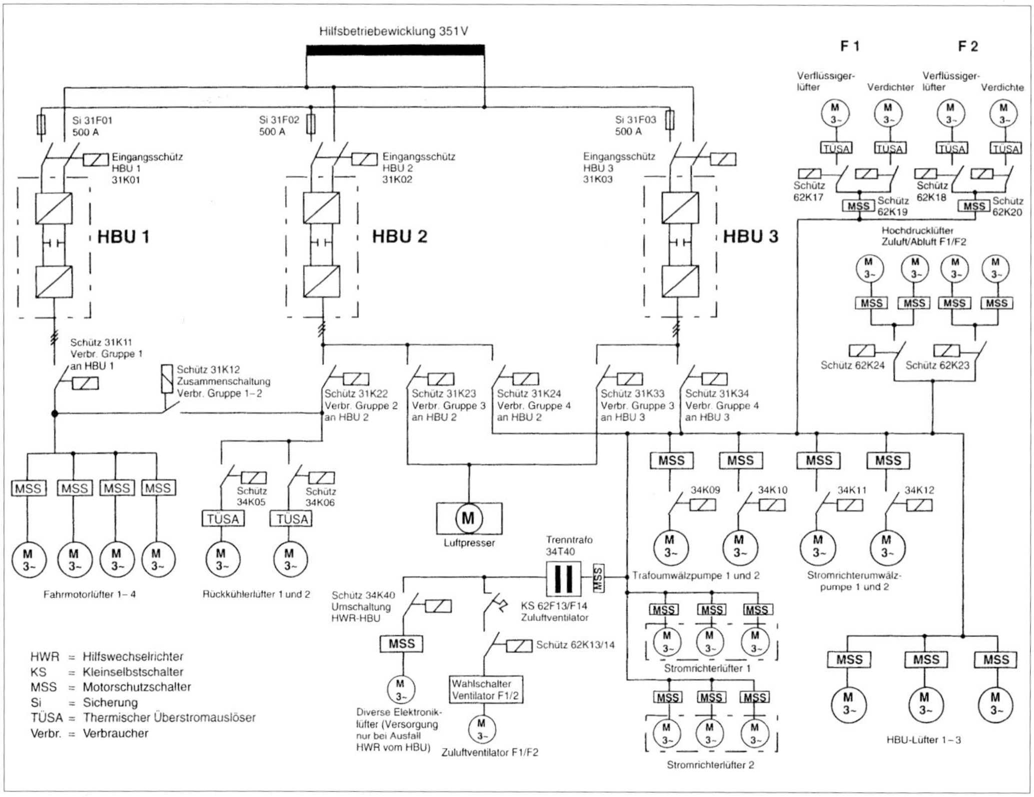

Die Hilfsbetriebeumrichter und ihrer Verbraucherankopplung bei der Baureihe 101

abgetrennten Kühlluftkanal, in welchen die Kühlelemente der Halbleiter und die Eingangsdrosseln hineinragen. Natürlich benötigen die Hilfsbetriebeumrichter hierfür selbst auch wieder Lüfter, welche vom HBU 3 versorgt werden.

Den Hilfsbetriebeumrichtern sind folgende Verbraucher zugeordnet:

HBU 1: vier Fahrmotorlüfter

HBU 2: zwei Trafo- und Stromrichterkühler

HBU 3: Luftpresser, Trafopumpen, Stromrichterpumpen, HBU-Lüfter 1 – 3, Klimaanlage, Verdichter und Kühler, Druckschutzlüfter, Stromrichterlüfter, Elektroniklüfter, Zuluftventilator

Im Gegensatz zur Baureihe 120 und zum ICE erfolgt bei Ausfall eines HBU keine Einschränkung der Traktionsleistung. Für den Störungsfall existiert ein mit mehreren Schützen schaltbares Umgruppierungsprogramm.

Es ist beachtenswert, daß außer den vier Fahrmotoren auf der Baureihe 101 weitere 30 Drehstrommotoren installiert sind und zum ordnungsgemäßen Betrieb der Lok auch benötigt werden. Alle diese werden von den drei Hilfsbetriebeumrichtern mit Energie versorgt.

Aus der Hilfsbetriebewicklung 203 Volt des Trafos werden die Führerstandsheizung und das Batterieladegerät versorgt. Aus der Hilfsbetriebewicklung 1000 Volt wird die Zugsammelschiene mit Energie versorgt.

Die wichtigsten Kühleinrichtungen der Lok, vier Fahrmotorlüfter, sind gemeinsam einem HBU zugeordnet, denn die Kühlluftanforderung über diese Lüfter ist für alle vier Fahrmotoren gleich, so daß diese Lüfter auch parallel angesteuert werden. Ebenso werden die Motoren der Lüfter für die zwei Trafo- und Stromrichterkühler parallel vom zweiten HBU bedarfsgerecht angesteuert. Alle anderen

Drehstrommotoren sind dem dritten HBU im Regelfall zugeordnet, dessen Ausgangsspannung und Frequenz wenig variiert. Die bedarfsgerechte Kühlung der wichtigsten Erzeuger von Verlustwärme bringt nicht nur eine Energieersparnis, sondern ist auch ein Beitrag zur Vermeidung von unnötigem Lärm, insbesondere in den Bahnhöfen. Das Heulen der österreichischen 1044 ist hierzu das Gegenstück. So kann der Lokführer eine Zugfahrt im Bahnhof mit langsam laufenden Lüftern beginnen. Wenn eine bestimmte Drehmomentanforderung, und damit auch eine entsprechende Wärmeerzeugung gegeben ist, erfolgt eine Anhebung der Ausgangsfrequenz der Hilfsbetriebeumrichter. Mit zunehmender Erwärmung der Fahrmotoren und des Trafo- und Stromrichterkühlmittels werden die Drehzahlen der Kühlgebläse dann weiter erhöht. Ebenso kann der Lokführer nach einer Einfahrt in der Bahnhof, trotz einer Anforderung nach Kühlung, durch Betätigen eines Tasters die Kühlung für zwei Minuten ausschalten.
Außer durch die gemessenen Temperaturen wird die Kühlanforderung noch durch die Geschwindigkeit der Lok bestimmt, wobei immer die höchste Anforderung die Leistung vorgibt. Alle Daten werden in einem zentralen Steuergerät zu Signalen zur Ansteuerung der Hilfsbetriebeumrichter verarbeitet.
Speziell der Lüfter für Trafo- und Stromrichterkühlung ist in der Luftansaugung mit einem sehr wirksamen Schalldämpfer ausgerüstet. Auch die Ansaugkanäle für die Fahrmotorlüfter sind unter dem Gesichtspunkt der Lärmvermeidung optimiert, so daß als Ergebnis dieser Maßnahmen die 101 eine ausgesprochen leise und umweltfreundliche Lok ist.

Stromversorgung 110 Volt DC (Ansteuerung)

Stromkreis 1

Hilfsluftpresser
Batterieüberwachung
Direkte Bremse
Zugbahnfunk
Scheibenwischer
Überwachung Luftpresser
Makrofon
Doppeltraktion- /Mehrfachsteuerung

Stromkreis 2

Stromabnehmer	Sifa,
Hauptschalter	LZB, Indusi
Fahrsteuerung	Kondensatheizung
Bremssteuerung	Antriebssteuerungen
Hilfsbetriebeumrichter	Spurkranzschmierung
Zugheizung	Notbremsüberbrückung
Lufttrocknungsanlage	EP-Bremse
Luftpresser	Sandheizung

Stromversorgung 220 Volt 50 Hz AC

Steckdosen
Thermofächer
Fahrplanleuchten
Elektroniklüfter

Stromversorgung 24 Volt DC

UIC-Leitung
Sprachausgabe
Brandmelder

AC = Alternating Current, Wechselstrom
DC = Direct Current, Gleichstrom

Batterie und Stromversorgung der Lok

Zur Stromversorgung bestimmter Verbraucher ist die Lokomotive mit einer Bleibatterie ausgerüstet, welche unter dem Lokkasten in einem Batteriekasten untergebracht ist und seitlich ausgefahren werden kann. Diese Batterie hat 50 Zellen und demzufolge eine Spannung von 104 Volt bei einer Kapazität von 95 Ah.
Geladen wird die Batterie von einem steuerbaren Batterieladegerät mit einer Spannung von maximal 118 V, welches an die 203 V-Wicklung des Transformators angeschlossen ist. Sicherungen sind neben den Batterietrögen unterhalb des Langträgers angeordnet. Die Batterie steht zur Verfügung zum Aufrüsten der Lok sowie für einen zeitlich begrenzten Betrieb

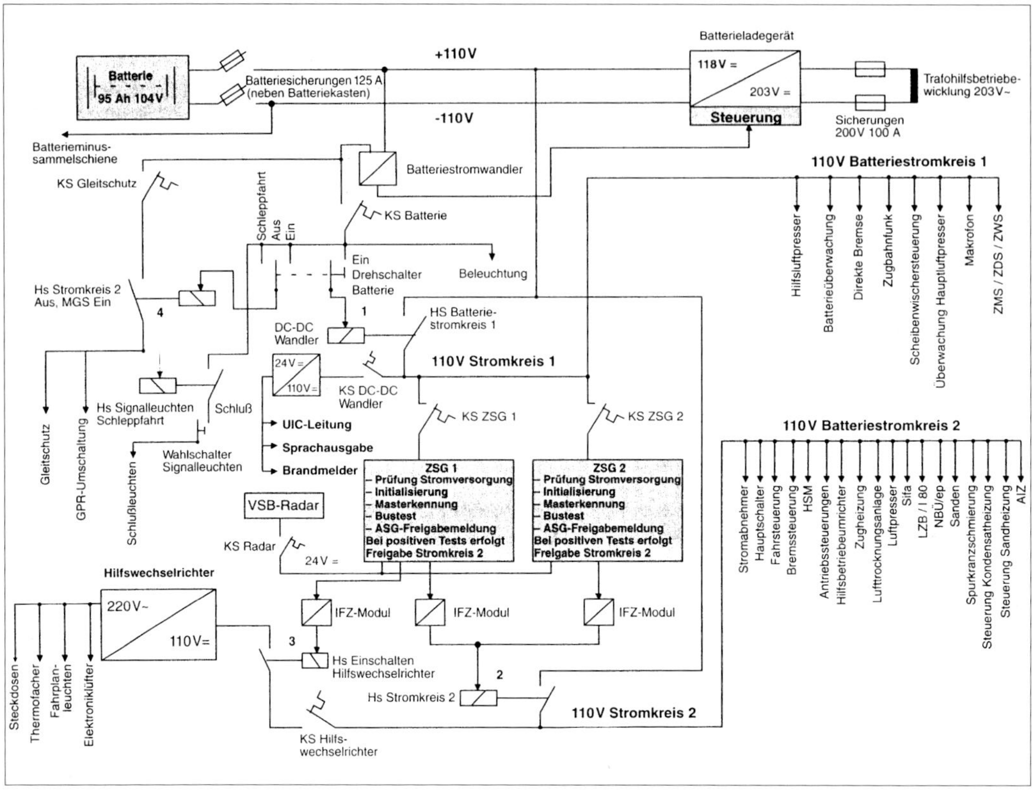

Die Stromversorgung der 101 mit 110 V Gleichstrom, 220 V Wechselstrom und 24 V Gleichstrom

zahlreicher Einrichtungen bei Ausfall des Ladegerätes. Zugeschaltet wird die Batteriespannung über einen Schalter an der Batterieschalttafel im Führerstand 1 mit den Stellungen „Ein", „Aus" und „Schleppfahrt". An der gleichen Tafel ist ein Spannungsmesser, ein Prüfschalter für Erdschluß sowie eine Anzeige hierfür untergebracht. Der aus der Batterie entnommene Strom wird über den Batteriestromwandler gemessen.

Stichwort: Anfahrgeräusch

Belauscht man die Anfahrt einer 101, so kann man, noch bevor die Lok ins Rollen kommt, das Takten der Stromrichter als leises Summen hören. Zwischen Fahrbefehl des Lokführers und Fahrbeginn liegen einige Sekunden zum Aufladen des Zwischenkreises und der Bereitstellung von Energie an die Pulswechselrichter.

Die Stromversorgung der Lok ist in drei Bereiche unterteilt, 110-Volt-DC-Versorgung, 24-Volt-Versorgung-DC und 220-Volt-AC-Versorgung. Die Spannungsversorgung der 220-V-Verbraucher erfolgt über einen Hilfswechselrichter 110 V DC/220 V AC, die Versorgung mit 24 V über einen Wandler 110 V DC/24 V DC. Wird die Lok geschleppt, so müssen bestimmte Verbraucher weiter mit Energie versorgt werden. Hierfür ist die Stellung „Schleppfahrt" eines Schalters an der Batterieschalttafel vorgesehen. In dieser Stellung werden die Verbraucher Gleitschutz, Bremsartwechsel GPR sowie bei Bedarf die Schlußleuchten aus der Batterie versorgt. Die Radaranlage zur Messung der Geschwindigkeit über Grund wird ebenfalls mit 24 Volt gespeist, jedoch aus den Netzgeräten der zentralen Steuergeräte. Die Batterie kann in der Werkstatt auch über einen Fremdanschluß geladen werden.

Die 101 005 ohne Dach im Kasseler Adtranz-Werk. Gut zu erkennen die äußerst übersichtliche Anordnung der Einrichtungen im Maschinenraum der Lok rechts und links vom Mittelgang

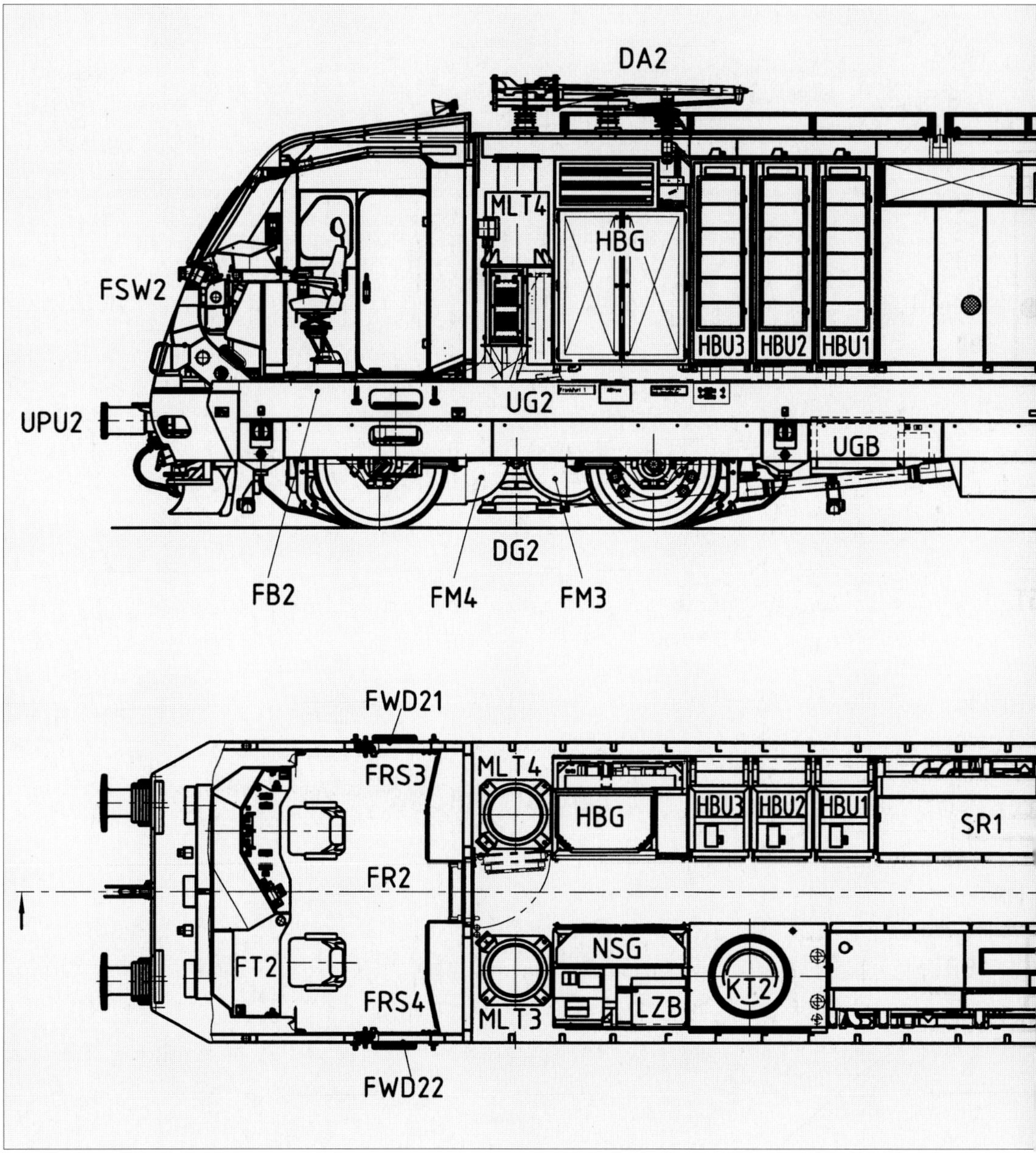

Elektromagnetische Verträglichkeit

Drehstromlokomotiven gleichermaßen wie Lokomotiven mit Anschnittsteuerung sind mit dem Problem behaftet, dem speisenden Netz und dem Rückstrom Störströme aufzuprägen, welche Rückwirkungen auf das Fahrleitungsnetz und auf zu den Bahnstrecken parallel laufende Telekommunikationsleitungen haben. Die für die Gleisfreimeldung verwendeten tonfrequenten Anlagen können hierdurch in gefährlicher Weise gestört werden. Die Störströme entstehen durch das Zerhacken der Ströme in kurze Impulse unterschiedlicher Dauer und

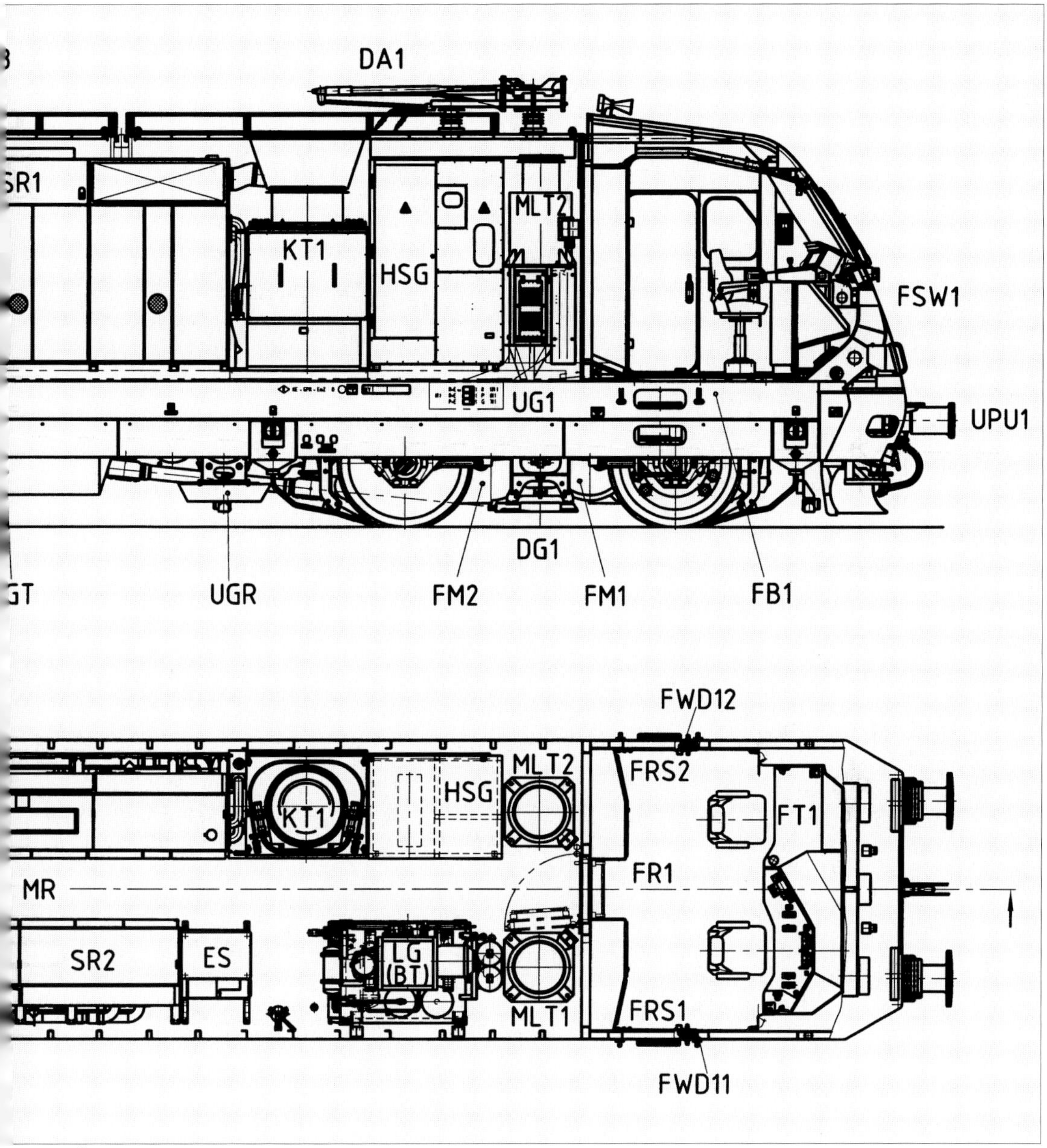

Übersichtszeichnung der Baureihe 101. Es bedeuten:

DA	**Dach**
DG	**Drehgestell 1 – 2**
ES	**Elektronikschrank**
FB	**Fußboden 1 – 2**
FM	**Fahrmotoren 1 – 4**
FR	**Führerraum 1 – 2**
FRS	**Führerraumrückwand-schrank 1 – 4**
FSW	**Führerraumstirnwand**
FT	**Führertisch**
FWD	**Führerraum, Wand und Decke**
HBG	**Hilfsbetriebegerüst**
HBU	**Hilfsbetriebe-umrichter 1 – 3**
HSG	**Hochspannungsgerüst**
KT	**Kühlturm 1 – 2**
LG	**Luftgerüst**
LZB	**Zugsicherung**
MLT	**Fahrmotorlüfterturm 1 – 4**
MR	**Maschinenraum**
NSG	**Niederspannungsgerüst**
SR	**Stromrichter 1 – 2**
UG	**Untergestell**
UGB	**Batterie**
UGR	**Radar**
UGT	**Transformator**

Richtung, wie sie von den Vierquadrantenstellern und den Pulswechselrichtern bewirkt werden. Die Begrenzung der psophometrischen Störströme von Drehstromloks ist daher eine unabdingbare Voraussetzung für deren uneingeschränkten Betrieb. Wie bei anderen Loks auch, sind hiergegen bei der Baureihe 101 besondere Maßnahmen ergriffen worden.

Bei der Baureihe 101 wird als Gegenmaßnahme in erster Linie eine zeitlich versetzte Taktung der Vierquadrantensteller angewendet, wodurch sich Störströme gegenseitig auslöschen. Als weitere Maßnahme sind in Drehstromloks üblicherweise hochspannungsseitige Filter, bestehend aus Induktivitäten und Kapazitäten installiert. Bei der 101 ist ein im Transformator und im Hochspannungsgerüst eingebautes spezielles Filter vorhanden, bestehend aus einer separaten Sekundärwicklung, einem Netzfilterwiderstand, einem Netzfilterkondensator und einer Netzfilterdrossel. Dieses Netzfilter hat die Aufgabe, die relativ hochfrequenten, in keiner Relation zur Netzfrequenz stehenden Störströme, welche durch die Taktung der Vierquadrantensteller entstehen, so auszufiltern, daß Beeinträchtigungen von Signal- und Fernsprechanlagen weitestgehend ausgeschlossen sind.

Die realisierte Anordnung dieses Filters auf der Sekundärseite des Trafos ist neu und hat den Vorteil kleinerer und leichterer Bauart. Auch ältere Gleisstromkreise mit 100 Hz könnten ohne Gegenmaßnahmen beeinflußt werden, z.B. bei Aufmagnetisieren des Trafos beim Einschalten oder auch bei Bügelspringen, einer höchst unerwünschten kurzen Unterbrechung des Traktionsstromes. Weitere Maßnahmen zur Erhöhung der elektromagnetischen Verträglichkeit sind getrennte Verlegung von Kabeln unterschiedlicher Aufgaben, die möglichst eng beieinanderliegende Führung von Kabeln bei Hin- und Rückleitung, die konsequente Abschirmung digitaler Signalleitungen sowie die getrennte Erdung der Hilfsbetriebe. Der Begriff elektromagnetische Verträglichkeit beschreibt die gesamte im Lokomotivbau relativ neue Problematik deutlich. Für den Einsatz in Österreich ist für die 101 ein spezielles Filter notwendig, welches in einem Teil der Loks nachträglich installiert wird.

Die wichtigsten Teile der elektrischen Ausrüstung sind zu Baugruppen vereinigt und in Gerüsten und Schränken im Maschinenraum untergebracht. Betritt man den Maschinenraum, so sieht man verglichen mit den konventionellen Lokomotiven zweier Generationen zuvor nur noch wenig Ähnlichkeit. Die Anordnung der Geräte ist derart, daß ein gerader Mittelgang durch den Maschinenraum entsteht, welcher durch kräftige Türen mittig von beiden Führerständen zu betreten ist. Unklare Situationen in einen Notfall, bei welchem der Lokführer aus dem Führerstand fliehen muß, wie sie bei einigen älteren Typen entstehen konnten, sind so nicht mehr denkbar. Der hell erleuchtete Mittelgang erinnert nur noch wenig an alte Technologien und läßt auf den ersten Blick außer dem Luftgerüst mit Kompressor nur wenig bekanntes erkennen. Die Laufbleche des Mittelgangs ruhen auf einem Kanal zur Aufnahme von Starkstrom- und Hilfsbetriebekabeln sowie von Druckluftleitungen. Dieser Kanal wird mit den verlegten Leitungen als bereits vorgefertigtes Bauteil bei der Montage eingesetzt.

Teilweise sind die Kabel mit vielpoligen Steckern an den Enden versehen, so daß die Endmontage erheblich vereinfacht ist. Bus- und Steuerleitungen sind in den Seitenwänden der Lok verlegt. Alle Gerüste und Schränke sind unter Beachtung bestmöglicher Zugänglichkeit aller Bauteile und leichter Demontagemöglichkeit der einzelnen Gerüste konzipiert. Durch das demontierbare Dach können alle Baugruppen einfach ein- und ausgebaut werden. Diese Art des Aufbaus spart Kosten, nicht nur beim Bau der Lokomotive, sondern auch bei späterer Wartung und Reparatur und kommt somit dem heutigen allgegenwärtigen Kostendruck entgegen.

Die Leittechnik der Lok

Im Gegensatz zu vielen Zweigen der produzierenden Industrie, und hier im besonderen Maße der chemischen Großindustrie, aber auch im Gegensatz zu neueren Flugzeugen, wie z.B. des Airbus, hielt die moderne Leittechnik in den Lokomotivbau erst spät Einzug. Unter Leittechnik wird speziell die Umsetzung der Befehle des Lokführers, die Überwachung aller Funktionen, insbesondere solcher mit Sicherheitsrelevanz, die Steuerung der gesamten Peripherie sowie die Diagnose mit Überwachung und Registrierung aller bedeutsamen Vorgänge auf der Lok durch Computersysteme verstanden.

Zur Anwendung auf der Baureihe 101 kommt eine zentrale MICAS-S-Leittechnik aus dem Hause Adtranz. MICAS-S bedeutet dabei Micro-Computer-Automatisierungs-System, Bauform S. Es übernimmt die Funktionen Steuern, Regeln, Diagnose und Information. Das MICAS-System geht noch auf die Firma ABB zurück und kam schon im ICE zur Anwendung. Mehrere Geräte sind mit einem Fahrzeugbus untereinander verbunden. Unter einem Bussystem versteht man eine spezielle Datenleitung, welche gleichzeitig eine Vielzahl digitaler Signale zwischen einzelnen Baugruppen und Rechnern übertragen kann. Durch Bussysteme wird eine erhebliche Vereinfachung der gesamten Leittechnik erreicht.

Während bei modernen Prozeßleitsystemen, beispielsweise zur Steuerung chemischer Großanlagen, die Bedienung am Bildschirm mit der Maus und einer alphanumerischen Tastatur erfolgt, so leuchtet es sofort ein, daß eine solche Bedienung einer Lokomotive nicht denkbar ist. Es wäre für den Lokführer völlig unmöglich, die Strecke gleichzeitig mit dem Bildschirm zu beobachten und dabei noch Handlungen per Mouseclick oder gar eine Eingabe von Wörtern oder Symbolen an einer Tastatur vorzunehmen, zumal bei Dunkelheit im Führerstand, in Eile oder gar in Notfällen.

Die Bedienung und Überwachung der Lok bleibt daher trotz modernster Computertechnik konventionell, an den wichtigsten Schaltern und Stellern ebenso wie bei den Beobachtungsinstrumenten wie Tachometer, Manometern und vielen Leuchtmeldern. Man muß auch bedenken, daß Lokführer stets eine Vielzahl von Loktypen zu fahren haben und daß deswegen deren Bedienung zumindest in Grundzügen ähnlich sein muß.

Industrieanlagen, welche durch sogenannte Prozeßleitsysteme bedient und gesteuert werden, arbeiten häufig über lange Zeiträume vollkommen automatisch und werden vom Personal hierbei nur überwacht. Eingriffe in den automatischen Ablauf erfolgen hierbei meist nur bei Störungen oder gewollten Änderungen des Betriebes. Im Gegensatz hierzu wird eine Lokomotive auf der Strecke, im Rangierbetrieb und sogar im Stillstand vom Lokomotivführer willentlich bedient, mit den Ausnahmen eines LZB-geführten Betriebes. Hier allerdings wird auch die Lok weitgehend automatisch gesteuert und die Tätigkeit des Lokführers begrenzt sich, wenn er dies so will, im wesentlichen auf eine Überwachung der Strecke und der Anzeigegeräte.

Die Bedienungsbefehle sowie Meßwerte und Meldungen müssen zur Verarbeitung in den Mikrocomputern der Lok digitalisert werden. In dieser Form können die Daten über Bussysteme übertragen werden. Problematisch ist in der Leittechnik die Übertragung von Sicherheitsverantwortung an die Software der eingesetzten Computer. In der industriellen Anwendung der Prozeßleittechnik werden sicherheitsrelevante Messungen und die daraus abgeleiteten Handlungen immer noch fast ausschließlich hardwaremäßig, das heißt mit konventionellen Schaltungen, ausgeführt. Anders dagegen wird bei der Bahn in der elektronischen Stellwerkstechnik und neuerdings auch bei modernen Lokomotiven den instal-

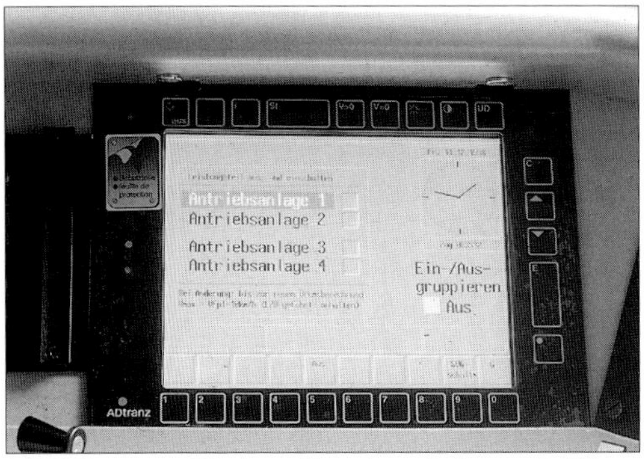

LCD-Diagnose-Display für den Lokomotivführer der Baureihe 101 mit Anzeige der Antriebe

lierten Computern auch eine volle Sicherheitsverantwortung übertragen.

Um dennoch keinerlei Einbußen an Sicherheit und gleichzeitig an Zuverlässigkeit und Verfügbarkeit hinzunehmen, sind grundsätzlich Einrichtungen solcher Art zweifach redundant ausgeführt, und eine Wirkung kommt nur bei Übereinstimmung beider Übertragungskanäle zustande. In der Luftfahrt ist eine solcherart redundante Überwachung und Bedienung schon lange Stand der Technik, wobei die an die Zuverlässigkeit zu stellenden noch wesentlich höheren Anforderungen als bei der Bahn teilweise sogar eine dreifache Installation notwendig machen.

Bei der Baureihe 101 erfolgt die Steuerung des Antriebes mit der Umsetzung der Fahr- und Bremsbefehle, die Überwachung der Lok mit Diagnose sowie die Steuerung der angeschlossenen Peripherie durch die zentrale MICAS-S-Leittechnik. Diese ist im Elektronikschrank im Maschinenraum untergebracht. Zur Wärmeabfuhr wird die Luft in diesem Schrank mittels eines eingebauten Gebläses umgewälzt und in einem in der Rückwand eingebauten Wärmetauscher gekühlt.

Zentrales Steuergerät

Das Zentrum der Leittechnik der Baureihe 101 ist das redundante Zentrale Steuergerät (ZSG), welches zweifach vorhanden ist. Jedes Gerät besteht neben der Stromversorgung aus drei Rechnerkarten mit Doppelprozessoren, einem Controller, zwei weiteren Rechnerbaugruppen für den Integrierten Fahrzeug Zubringerbus (IFZ) und mehreren Ein- und Ausgabebaugruppen.

Die Rechnergruppe 1 bearbeitet die Zugbussteuerung, ein Bussystem durch den ganzen Zug, welches derzeit aber nur die Signale für Mehrfachsteuerung und Wendezusteuerung verarbeitet. Die Zugbussteuerung ist eine Zukunftsoption, beispielsweise für Türsteuerung, Informationsaustausch mit dem Zug und ähnliches. Ferner verarbeitet die Rechnergruppe 1 die Fahrzeugbussteuerung, eine Datenübertragung für die Subsysteme Bremssteuerung, Gleitschutz, Hilfsbetriebeumrichter 1 – 3, LZB und Indusi, Sprachausgabe und Antriebssteuerung 1 – 4 (ASG).

Die Rechnergruppe 2 bearbeitet die gesamte Loksteuerung mit Logik-Signalverknüpfungen sowie die Sicherheitsfahrschaltung, welche bei der Baureihe 101 softwaremäßig realisiert ist. Ferner ist diese Rechnergruppe zuständig für die Signalverarbeitung für den Schleuderschutz, das heißt die Verarbeitung der Geschwindigkeitsbildung durch das Radar und für die automatische Fahr- und Bremssteuerung. In der Rechnergruppe 2 dient der zweite Prozessor noch als Rückfallebene für die SIFA.

Die Rechnergruppe 3 ist zuständig für die Displayansteuerung mit allen Meldungen und Funktionsbetätigungen. Ferner wird von dieser Rechnergruppe die gesamte Fahrzeugdiagnose mit Zustands- und Störungsmeldungen bearbeitet, einschließlich Hinweisen für Abhilfemaßnahmen. Ebenso werden die Diagnosewerte für spätere Auswertung des nichtflüchtigen Speichers abgelegt.

Der Controller Lokschutz hat die Aufgabe, sämtliche Überwachungsfunktionen aus dem Bereich Strom und Spannung wahrzunehmen und bei Überschreitung von Grenzwerten den Hauptschalter der Lok auszuschalten. Die Eingriffe in Hauptschalter und Stromabnehmer sind über direkte Ausgabegruppen realisiert.

Eine Rechnergruppe 4, bestehend aus zwei eigenständigen Rechnern, übernimmt die Steuerung des Integrierten Fahrzeugzubringerbus 1 und 2. Durch diese Bussysteme werden Schaltelemente, welche von den Zentralen Steuergeräten angesteuert werden, sowie zahlreiche Zustandsüberwachungen wie Selbstschalter, Motorschutzschalter, Sicherungen, Druckwächter und ähnliches an die zentralen Steuergeräte angekoppelt.

Das zentrale Steuergerät 1 übernimmt nach Einschalten der Batterie und einem Selbsttest die Masterfunktion, wobei das zentrale Steuergerät 2 als Slave in den Stand-by-Modus geschaltet wird. Bei Störung des Master-Steuergerätes erfolgt eine automatische Umschaltung auf das andere Gerät. Der Lokomotivführer kann bei stillstehender Lok, ausgeschaltetem Hauptschalter und eingezogenem Stromabnehmer diese Umschaltung auch willentlich vornehmen.

Diagnose

Zu Zeiten der Dampflokomotive kannte ein guter Lokführer an seiner Lok jedes Teil bis hin zu einzelnen Schrauben und wußte über dessen Aufgabe genauso Bescheid, wie darüber, was er bei einer Störung zu tun hatte. Ganz anders verhält sich dies bei einer modernen Lokomotive wie der Baureihe 101. Man wird keinem Lokführer zu nahe treten, wenn man feststellt, daß auch nach sorgfältiger Ausbildung Teile der neuen Lokomotiven unverstanden bleiben müssen, und daß selbst die Fachleute in den Werkstätten einzelne Funktionen, insbesondere in der Leittechnik, nicht mehr im Detail beherrschen können und so bei Störungen keine andere Möglichkeit haben, als ganze Baugruppen einfach auszutauschen. Für den sicheren und zuverlässigen Betrieb einer Lokomotive, deren detaillierte Funktion in vielen Punkten vom Lokführer nicht mehr durchdrungen werden kann, ist zu jeder Zeit eine optimale Information des Lokführers über die wichtigsten Betriebszustände, seien sie völlig normal oder auch vom Sollwert abweichend, erforderlich. In gleichem Maße bedarf auch die Werkstatt zuverlässiger und rasch erkennbarer Informationen über die korrekte Funktion aller Teile der Lok, respektive deren Versagen und daraus herzuleitender Abhilfemaßnahmen.

Im Falle von Unregelmäßigkeiten, welche sich zu Störungen des fahrplanmäßigen Betriebes oder sogar zu Betriebsgefahren ausweiten könnten, ist eine augenfällige und vor allem spontan verständliche Information des Lokführers von größter Wichtigkeit. Moderne Lokomotiven sind daher neben den für die Bedienung vorrangigen und noch konventionell angezeigten Informationen mit einem Diagnosesystem ausgerüstet, welches Lokführer und Werkstatt über den Zustand aller wichtigen Teile der Lok und insbesondere über die Leittechnik selbst informiert.

Die komplett in MICAS-Technik aufgebaute Leittechnik der Lok stellt umfangreiche Diagnosedaten zur Verfügung. Zentrales Anzeigegerät für diese Daten ist das farbige LCD-Display, welches der Lokführer ständig im Blickfeld hat. Auf diesem Anzeigegerät kann der Lokführer außer den wichtigen aktuellen Anzeigen bei Bedarf eine Vielzahl weiterer Informationen abrufen und sich so jederzeit einen Überblick über die meisten technischen Einrichtungen seiner Lok informieren.

Das Grundbild, welches bei normaler Fahrt üblicherweise angewählt wird, zeigt neben einer analog anzeigenden Funkuhr mit Wochentag und Datum die Fahrdrahtspannung als senkrechtes Balkendiagramm sowie Zugkraft oder Oberstrom, respektive Bremskraft der elektrischen Bremse ebenfalls als Balkendiagramme unterschiedlicher Farben in hoher Genauigkeit (blau für Fahren, ocker für Bremsen). Selbstverständlich können Zug- und Bremskräfte für jeden einzelnen Fahrmotor separat dargestellt werden.

Der Lokführer kann in dem Display blättern, wie in einem Textprogramm und sich alle gewünschten Informationen über den Zustand seiner Lok und deren Bauteile abrufen. Die gesamte Einrichtung der Diagnose dient aber auch in besonderem Maße der Werkstatt und dem Instandhaltungspersonal, denn alle aufgelaufenen Informationen über Gut- und

Schlechtzustände der Subsysteme werden spannungsausfallsicher abgespeichert und ermöglichen erst so eine Instandhaltung der Lok mit vertretbarem Aufwand. Die Diagnoseergebnisse können entweder am Display im Führerstand analysiert werden, es kann aber auch für den Werkstattaufenthalt der Lok der Inhalt des nichflüchtigen Speichers mit einem PC ausgelesen werden.

Für den Lokführer selbst stellt das Diagnosedisplay während des Betriebes der Lok eine Vielzahl früher nicht zugänglicher Informationen zur Verfügung, wodurch die Zuverlässigkeit einer Zugfahrt wesentlich erhöht wird oder sogar eventuelle Betriebsgefahren frühzeitig erkannt und vermieden werden können. Nicht nur Prozeßwerte, wie alle relevanten Temperaturen, auch Zustandsgrößen, wie Stellung von Absperrhähnen oder der Stromabnehmer, selbst Abhilfemaßnahmen bei aufgetretenen Störungen sowohl während der Fahrt als auch im Stillstand, können vom Diagnose-Display erhalten werden.

Die Vorschläge für Hilfe bei Störungen sind hierarchisch aufgebaut, und der Lokführer kann sich fortlaufend über weitere Maßnahmen informieren, wobei die Vorschläge der Diagnose fast immer zum gewünschten Ziel führen. Das Display ist zur Bedienung mit Funktionstasten und Multifunktionszuweisungen ausgerüstet, und es kommt der Wahrheit nahe zu sagen, daß die Bedienung und optimale Nutzung der gesamten Diagnose wohl komplizierter ist als die Bedienung der Lok im reinen Fahrbetrieb. Allerdings erfährt der im Umgang geschulte Lokführer jedes Detail seiner Lok, so er es wissen will.

Wie an keiner anderen Stelle zeigt sich die Baureihe 101 hier augenfällig als ein Produkt des Computerzeitalters. Es ist außer Zweifel, daß ohne einen Aufbau der gesamten Leittechnik der Lokomotive in Mikrocomputertechnik mit vertretbaren Kosten eine solcherart perfekte Diagnose keinesfalls zu realisieren wäre.

Besonders interessant ist die Beobachtung der Leistungsaufnahme der Lok während der Fahrt. Bei voller Beschleunigung im oberen Geschwindigkeitsbereich kann man erkennen, daß diese zeitweise 6,9 – 7,0 MW erreichen kann. In der Ebene erfordert ein 12-Wagen-IC bei 160 km/h für die Beharrung eine Leistung von 1,4 – 1,8 MW, bei 200 km/h dagegen schon etwa 3 MW. Minimale Steigungen oder Gefälle sind beim Fahren mit AFB und automatischer Geschwindigkeitsregelung unmittelbar an der Leistungsaufnahme zu erkennen.

Selbstverständlich können Helligkeit und Kontrast des Diagnosedisplays den Beleuchtungs-

Informationen am Diagnosedisplay (Auswahl)

- Fahrdrahtspannung, Oberstrom, Zugkraft und Bremskraft für jeden Motor separat
- Ausgruppierung von einzelnen Motoren, Geschwindigkeitssignal jedes Motors
- Motor- und Getriebetemperaturen, Außentemperatur, Kühlmitteltemperatur Trafo, Temperaturen im Maschinenraum und Elektronikschrank, Uhrzeit, Wochentag und Datum, Zugnummer
- Störungsmeldungen in der Reihenfolge ihres Eingangs, Abhilfemaßnahmen bei Störungen (während der Fahrt als auch im Stillstand), Informationen bei Mehrfachtraktion
- Geschwindigkeit, Fahrleistung, Stromabnehmer, Hauptschalter, Zugsammelschiene, Heizstrom
- Betrieb der Hilfsbetriebeumrichter, Bremsdaten, Federspeicherbremse
- Mitteilungsblatt für den Lokführer über besondere, die Lok betreffende Anweisungen

Es ist bemerkenswert, daß die Lok über die Fahrzeugdiagnose neben dem ICE erstmals mit einem Kilometerzähler ausgerüstet ist (nennenswerte Schreibarbeit entfällt).

PS.: Eigentlich fehlt nur der Speiseplan der Betriebsgaststätten aller von der Lok angefahrenen Destinationen. Eine technische Realisierung solcher nicht ganz ernst gemeinter Fantasien über Funk wäre keine Utopie.

verhältnissen und den Wünschen des Lokführers angepaßt werden.

Zum Abruf aller Informationen beinhaltet das Diagnosedisplay eine Vielzahl um das Anzeigebild angeordneter Funktionsstasten, mit welchen Klartextinformationen oder in einzelnen Fällen diese als Balkendiagramme abgerufen werden können. Die Aktualisierung der Daten erfolgt im 500-Millisekunden-Takt. Mittels der Funktionstasten sind nicht nur Abfragen, sondern auch Eingaben möglich. Nach Einlaufen einer Störung mit Sprachausgabe wird der Lokführer die Taste „St" für Störung betätigen und sich weiter über die Art der Störung und genaue Zeit ihres Auftretens informieren. Die Antriebe der Lok können mittels der Taste „Antriebe" und weiterer Bedienungshandlungen bei fahrender Lok, allerdings bei ausgeschaltetem Hauptschalter, ein- und ausgruppiert werden.

Mittels des GSM-Diagnosefunks, dessen Antenne wie die Zugbahnfunk-Antenne auf dem Dach untergebracht ist, und der in der Lok installierten GSM-Box kann jede einzelne Lok per Telefon erreicht werden. Es können dann per Funk alle Daten des Diagnosespeichers ausgelesen und bewertet werden. So wissen die Adtranz-Mitarbeiter in Hamburg bei Bedarf über den aktuellen Zustand jeder Lok zu jeder Zeit genau Bescheid. Beispielsweise können alle eingegangenen Störungsmeldungen ebenso wie Bedienungshandlungen, Kilometerstand, Zwangsbremsungen und der gesamte Inhalt des Diagnosespeichers abgerufen werden. Für die Suche nach Störungen oder deren Häufung, sowie zur Beurteilung der Reaktion der Lokführer auf Störungsmeldungen und Abhilfeempfehlung ist diese Technik eine unschätzbare Hilfe. Die Auswertung von Störungen erfolgt durch Adtranz und die DB gemeinsam.

Auch der Füllstand des Speichers kann aus der Ferne erkannt werden, wobei bei 75 Prozent weniger wichtige Protokolldaten zum Schutz der wichtigen Daten automatisch eliminiert werden. Die ausgelesenen Daten werden selbstverständlich archiviert, so daß ein voll-

	Erfassungsort	Grenzwert	Auswertung	Auswirkung	Maßnahme
Oberstrom normal bei Einschaltrush	Oberstromwandler	> 650 A > 1200 A (2,5s)	ZSG	Hauptschalter Aus und Diagnosemeldung Hauptschalter Aus und Diagnosemeldung	Quittierung Quittierung
Oberspannung Größtwert Kleinstwert	Oberspannungswandler	> 19,5 kV < 10 kV (1,3 s)	ZSG	Hauptschalter Aus und Diagnosemeldung Hauptschalter Aus und Diagnosemeldung	Quittierung (1)
Störstrom Scheitelwert Normalwert 100 Hz Nach HS Aus	Filterstromwandler	> 1200 A (8 ms) > 250 A (5 s) > 2 A (0,5 s) > 20 A (0,21 s)	ZSG	Hauptschalter Aus und Diagnosemeldung Hauptschalter Aus und Diagnosemeldung Hauptschalter Aus und Diagnosemeldung Stromabnehmer nieder und Diagnosemeldung	Quittierung Quittierung Quittierung
Heizstrom	ZS-Stromwandler	> 900 A	ZSG	Hauptschalter Aus und Diagnosemeldung	Quittierung
Erdstrom Normalwert bei Einschaltrush	Differenzstromwandler	> 80 A > 200 A	ZSG	Hauptschalter Aus und Diagnosemeldung Hauptschalter Aus und Diagnosemeldung	Quittierung Quittierung
Batteriespannung	Batteriestromwandler	> 137 V < 85 V < 80 V < 77 V	ZSG	Ladegerät aus und Diagnosemeldung Diagnosemeldung Hauptschalter Aus und Diagnosemeldung Diagnosemeldung und Abschaltung ZSG	
Zwischenkreisspannung	ZK-Spannungswandler	=> 3600 V	ASG	Schutzansteuerung (Durchzündung) mit Hauptschalter Aus und Diagnosemeldung	Quittierung
Gasbildung Trafo □ Alarm □ Warnung	Buchholzschutz		Buchholz-schutz	Hauptschalter Aus, HS-Sperre und Diagnosemeldung Diagnosemeldung	
Motorständertemperatur	Temperaturgeber (PT 100) im Motor	> 155° C = 220° C > 220° C	ASG	Beginn Leistungsreduzierung Traktionssperre und Diagnosemeldung Hauptschalter Aus	
Trafo-Kühlmitteltemperatur	Temperaturgeber (PT 100)	> 85° C > 100° C = > 105° C	ZSG	Leistungsreduzierung auf 75 % Beginn weitere Leistungsreduzierung auf 0 % bei 105° C Hauptschalter Aus bis Temp. < 100° C	
Stromrichterkühlmittel-temperatur	Trafo bzw. Stromrichter	> 55° C > 58° C > 63° C	ZSG	Beginn Leistungsreduzierung Traktionssperre und Diagnosemeldung Hauptschalter Aus	
ASG-Temperatur	Temperaturgeber PT 100 im ASG-Schrank	> 70° C	ZSG	Hauptschalter Aus und Diagnosemeldung	

Quittierung = Kipptaster Hauptschalter in Stellung Aus

(1) = Quittierung erst bei Fahrdrahtspannung < 18,5 kV möglich

Funktionen des Lokschutzes

Auf Gleis 15 des Stuttgarter Hauptbahnhofes fährt am 23. Mai 1998 die 101 056 mit ihrem Zug ein

ständiger Lebenslauf jedes einzelnen Exemplares der 101 vorliegt. Bei einer Demonstration dieser Technik konnte an einer ausgewählten Lok ein Datensatz von 1700 Einträgen aus zehn Tagen Betrieb erhalten und am PC visualisiert werden.
In umgekehrter Richtung sind die Adtranzmitarbeiter im Schichtdienst über eine Hotline über Zugbahnfunk für die Lokführer erreichbar und stehen für technische Hilfe aus der Ferne zur Verfügung.

Lokomotivschutz

Wie alle mit elektrischer Energie hoher Spannung betriebene Geräte und Maschinen bedürfen auch elektrische Lokomotiven mehrerer Sicherheitseinrichtungen, welche Menschen vor Unfällen und die Lokomotiven selbst vor möglichen schweren Schäden schützen. Bei konventionellen Lokomotiven werden über Wandler zugehörige Relais angesteuert, welche entsprechende Schalterauslösungen, meist des Hauptschalters, bewirken.
Auch bei der 101 werden bestimmte Strom- und Spannungswerte mittels Wandlern erfaßt, hier aber an den Lokschutz und an das zentrale Steuergerät weitergeleitet. Der Lokschutz überwacht diese Größen auf vorgegebene Grenzwerte und schaltet bei deren Überschreitungen über ZSG-Ausgaben den Hauptschalter aus, oder veranlaßt sogar das Senken des Stromabnehmers. Aus der Übersicht auf der Seite 91 können Größtwerte für Spannung, Ströme und Temperaturen ersehen werden, welche nicht überschritten werden dürfen.
Es verdient der Erwähnung, daß wie bei anderen elektrischen Fahrzeugen auch ein Kleinstwert der Fahrdrahtspannung zur Auslösung des Hauptschalters führt. Bei einer Spannung von weniger als 10 kV ist ein sicherer Betrieb der Lok und der Hilfsbetriebe nicht mehr gewährleistet.

Antriebssteuerung

Jeder Fahrmotor hat eine eigene Antriebssteuerung. Die Antriebssteuerungsgeräte (ASG) setzen die Sollwerte vom zentralen Steuergerät in Ansteuersignale für die Stromrichter um. Ein Antriebssteuergerät enthält alle Komponenten zur Ansteuerung der Schaltgeräte, des Eingangsstellers und des Wechselrichters im Stromrichter. Weitere wichtige Funktionen der Antriebssteuergeräte sind der Schutz und die Überwachung des Stromrichters. Die Sollwerte für Fahrtrichtung, Drehmoment und magneti-

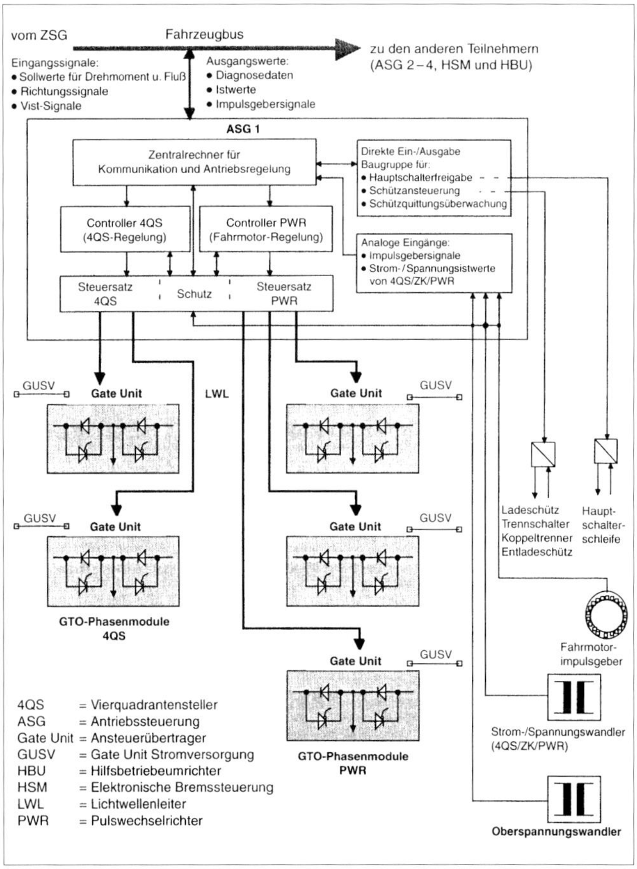

Die Prinzipdarstellung der Antriebssteuerung

Stichwort: HSM

HSM ist eine Bezeichnug der Firma Knorr Bremse. H ist der achte Buchstabe des Alphabetes und bezeichnet die achte Gerätegeneration. S steht für die stellungsabhängige Bremswirkung und M weist auf den Microprozessor-Aufbau hin.

schen Fluß werden über den Fahrzeugbus zugeführt, ebenso wie als Regelinformation die Geschwindigkeit des Fahrzeuges. Die Ansteuersignale für die GTO im Vierquadranten-Steller und Pulswechselrichter werden mit Lichtleitern übertragen.
Die Antriebssteuergeräte überwachen die Funktion der elektrischen Bremse gleichermaßen wie die Schlupfregelung bei einsetzenden Schleuder- oder Gleitvorgängen. Die Schlupfregelung gewährleistet die selbstätige Anpassung an unterschiedliche Schienenzustände und unterschiedliche Zugmassen ebenso wie wie die Einstellung des optimalen Schlupfes sowie dessen Begrenzung.
Die Antriebssteuergeräte übernehmen erforderlichenfalls eine Leistungsreduzierung bei zu hoher Temperatur der Fahrmotoren sowie des Kühlmittels der Stromrichter. Sie erzeugen auch Diagnoseergebnisse, welche an die übergeordnete Fahrzeugdiagnose übertragen und dort spannungsausfallsicher abgespeichert werden. Die Daten werden auf dem Diagnosedisplay dargestellt. Die ASG sind in MICAS-S Technik aufgebaut.

HSM-Bremsregler

Die HSM-Elektronik stellt die elektrische Schaltzentrale für die Steuerung der indirekten Bremse bei elektronischem Betrieb dar und ist im Elektronikschrank untergebracht. Sie verarbeitet alle ihr zur Verfügung stehenden Informationen und bildet daraus die erforderlichen Ausgangssignale für die entsprechenden Stellglieder. Dies ist in erster Linie die Ansteuerung des Analogwandlers für den Hauptluftleitungsdruck, welcher die Bremswirkung des Zuges bestimmt. Daneben werden von der HSM-Elektronik auch Steuersignale für die EP-Bremse ausgegeben sowie die Führerstandswahl überwacht und Diagnosefunktionen übernommen.
Als Eingangssignale erhält die HSM-Elektronik die elektrischen Informationen, die bei Betätigung des Führerbremsventils erzeugt werden, welche ein Maß für den angeforderten Bremssollwert sind. Weitere Eingangssignale an die HSM kommen aus der AFB, dem Zentralen Steuergerät, aus dem Gleitschutz sowie aus Schaltern und Tastern.
Die HSM-Elektronik mit der gesamten Bremsausrüstung ist eine Zulieferung der Fa. Knorr Bremse München.

Führerstand und Bedienung

Die Bedienung einer modernen Lokomotive erfolgt fast ausschließlich vom Führerstand aus. Bedienungshandlungen im Maschinenraum sind nur noch in ganz untergeordnetem Maße vorzunehmen, so daß es naheliegt, die Beschreibung der Führerstände und der Bedienung der Lok in einem Kapitel zusammenzufassen.

Beleuchtung

Die Baureihe 101 wartet mit einer für die Lokführer bedeutsamen Neuerung auf. Unabhängig von der Stellung des Batterieschalters kann der Lokführer beim Betreten des Führerstandes unmittelbar neben der Tür an einem besonders günstig gelegenen Taster das Licht ein- und ausschalten. Man fragt sich nur, warum es über 100 Jahre bis zur Einführung einer solchen Neuerung gedauert hat? Bisher mußte der geplagte Lokführer häufig bei völliger Dunkelheit oder unter Zuhilfenahme einer Taschenlampe zunächst den Führerstand betreten, sich dann in den Maschinenraum tasten und dort den Batterieschalter suchen, um diesen schließlich einzuschalten. Allerdings erfordert die Neuerung besondere Sorgfalt beim Verlassen der Lok, denn eine völlige Entladung der Batterie ist nicht ausgeschlossen, wird in der Eile das Ausschalten der Beleuchtung einmal vergessen. Das Risiko hierzu ist aber auch nicht wesentlich größer als bei dem alten bedienungsunfreundlichen System.
Das Einschalten der Beleuchtung auf dem Führerstand ist sicher nicht die wichtigste Bedienungshandlung einer Lok, dennoch soll die Beschreibung der Beleuchtung hier fortgeführt werden. Der Batterieschalter befindet sich leicht zugänglich auf der Schalttafel an der Rückwand des Führerraumes 1. Auf derselben Tafel befindet sich ein Voltmeter für die Batterie, welches bei Betätigung eines Schalters diese auch auf einen Erdschluß überprüfen kann. Die Führerraumbeleuchtung kann zusätzlich auch von Tastern im Führerpult geschaltet werden, ebenso wie die Fahrplanleuchte.
Endlich werden in Deutschland moderne Lokomotiven außer mit den Signalleuchten nach UIC auch mit drei weißen Fernlicht-Leuchteinsätzen ausgerüstet, welche, wie das UIC-Licht ebenfalls, abgeblendet werden können. Für den Lokführer ergeben diese Leuchten ein unbestritten höheres Maß an Sicherheit, welches in der Schweiz und in Österreich seit langem selbstverständlich ist. Ein Leuchtmelder im Blickfeld des Lokführers erinnert an das Fernlicht. Die Umschaltung von Signalleuchten auf rote Schlußleuchten erfolgt mit einem Schalter an der Batterieschalttafel. Die Anordnung der Signalleuchten entspricht wie bei neueren Loks üblich einem niedrigen A.
Die Beleuchtung der Führerpultmittelkonsole wird an einem Potentiometer an der linken Seitenkonsole eingestellt, die Instrumentenbeleuchtung an einem Dimmer in der Modularen Führerstands Anzeige (MFA).
Der Maschinenraum ist mit sechs Leuchtstoffröhren, welche mit 110 V aus der Batterie über Vorschaltgeräte versorgt werden, gut ausgeleuchtet. Eingeschaltet wird diese Beleuchtung an der Schalttafel an der Führerhausrückwand. Bei einer Schleppfahrt der Lok und entsprechender Stellung des Batterieschalters kann als Signalleuchte nur die Schlußbeleuchtung eingeschaltet werden.
Am Lokuntergestell außen sind auf beiden Seiten Steckdosen und Schalter für eine Fremdeinspeisung mit 230 V 50 Hz angebracht, bevorzugt zum Arbeiten in der Werkstatt ohne Belastung der Batterie. Auch bei entladener Batterie kann hierdurch die Beleuchtung der Lok, einschließlich der Signalleuchten, sichergestellt werden. Die angelegte Spannung wird dabei auf 110 V transformiert, gleichgerichtet und der Beleuchtungssteuerung zur Verfü-

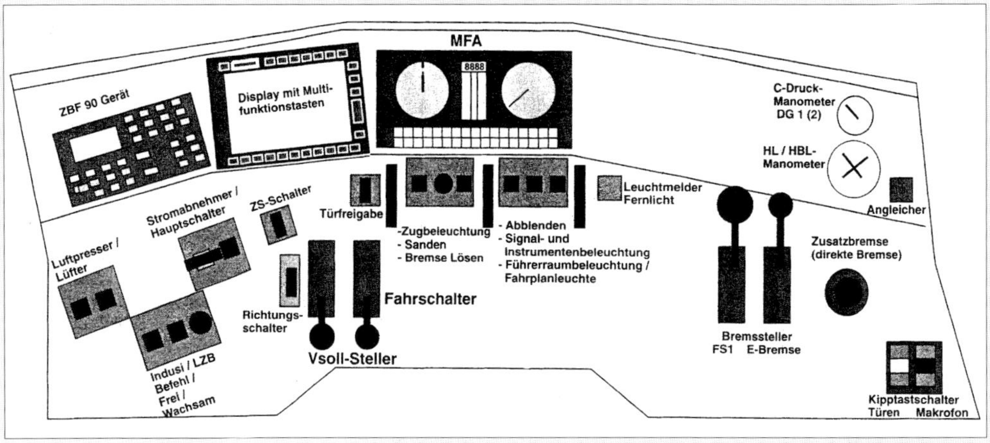

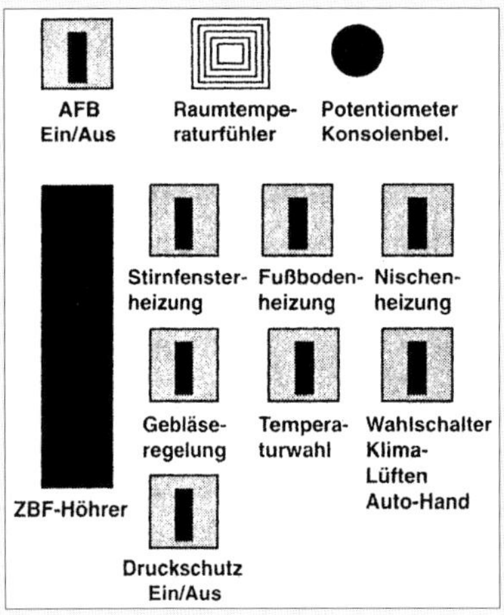

Die Bedienelemente des Führerpultes in einer Lok der Baureihe 101 (oben). Das Bild ganz links zeigt schematisch die Tastatur der linken Führerpultkonsole, rechts daneben sind diese Elemente im Orginal zu sehen. Unten links die Bedienelemente der Batterieschalttafel F 1 und der Schalttafel F 2

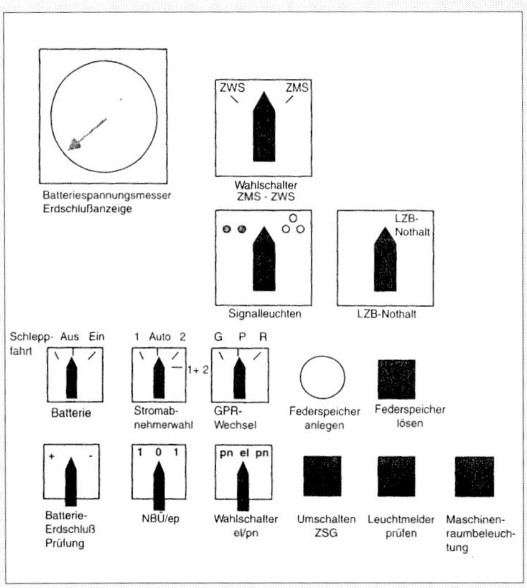

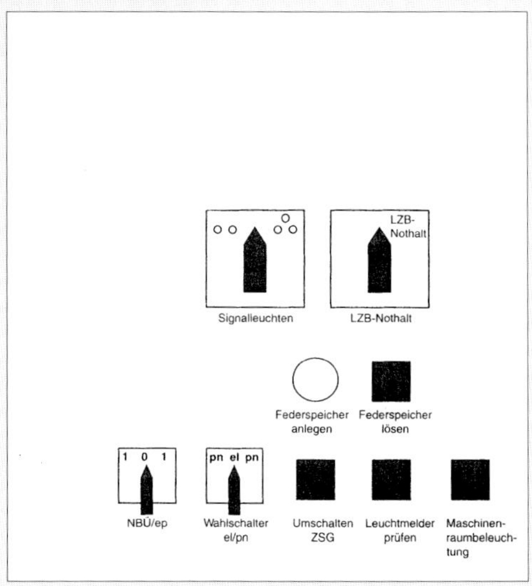

gung gestellt. Eine Rückspeisung in die Batterie wird dabei durch Dioden verhindert.

Bedienungskonsolen im Führerstand

Beide Führerstände der Lok sind bis auf geringfügige Unterschiede gleich ausgeführt. Die Führertische sind Rahmenkonstruktionen aus Blech, welche mit einer zur Montage von Geräten hochklappbaren Platte aus glasfaserverstärktem Kunststoff abgedeckt sind. Die Einrichtungen des Führerstandes sind auf Konsolen dieser Tische vor dem Lokomotivführer, sowie seitlich der Nische des Sitzplatzes, an den Seitenwänden und an der Rückwand des Führerhauses untergebracht. Der gesamte Führerstand ist in einem freundlichen Hellblau gehalten.

Die wichtigsten Instrumente zur Beobachtung und zur Bedienung hat der Lokführer im direkten Blickfeld vor sich, die Bedienungseinrichten auf einer waagerechten Konsole in unmittelbarer Griffnähe, die Beobachtungseinrichtungen auf einer zur besseren Sicht schräg angeordneten und zweimal geknickten Konsole direkt davor, welche durch einen kleinen oberen Vorsprung gegen störenden Lichteinfall geschützt ist.

Zentral im Blickfeld befindet sich, wie auf anderen modernen Lokomotiven auch, das Modulare Führerstands Anzeigegerät (MFA), welche durch den Richtungsschalter jeweils für den besetzten Führerraum aktiviert wird. Auf diesem Gerät werden die Geschwindigkeit sowie Zug- und Bremskraft auf runden Instrumenten analog angezeigt, die Zielentfernung und Zielgeschwindigkeit bei LZB-Betrieb; ferner durch Leuchtmelder Hohe Abbremsung, Zugsammelschiene, E-Bremse, Hauptschalter, Sifa und Notbremse. Im linken Anzeigeinstrument zeigt bei Zugkräften der äußere Zeiger im Ausschlag nach rechts die Soll-Zugkraft und der innere Zeiger die Zugkraft je Motor an, beim Bremsen im Ausschlag nach links die Bremskraft der Lok an. Bei Doppeltraktion ist die äußere Anzeige die der zweiten Lok. Im rechten Insrtrument werden Sollgeschwindigkeit und Istgeschwindigkeit angezeigt.

Im MFA-Gerät sind weiterhin alle Informationen der LZB und der Indusi zusammengeführt, darunter als besonders wichtige Anzeigen die V-Soll- und die V-Ziel-Werte. Ist die LZB ausgeschaltet, so kann der V-Soll- Anzeiger auch von der automatischen Fahr- und Bremssteuerung (AFB) angesteuert werden. Dieses wichtige Gerät hat der Lokomotivführer praktisch ständig im Auge.

Rechts neben dem MFA am äußeren Rand dieser Konsole befinden sich die pneumatischen Instrumente für die Bremse von Lok und Zug. Oben das Manometer für die direkte Lokbremse mit separater Anzeige für beide Drehgestelle, darunter das gemeinsame Manometer mit zwei Zeigern für Hauptluftbehälter und Hauptluftleitung. Rechts davon der Angleicher, ein Taster zur gewollten Erhöhung des Druckes der Hauptluftleitung. Hiermit kann durch kurzzeitiges Betätigen der Druck der Hauptluftleitung bis auf maximal 5,8 bar erhöht werden, wodurch eventuelle feste Bremsen im Zug zuverlässig gelöst werden können.

Links neben der multifunktionalen Führerraumanzeige befindet sich als wesentlicher Bestandteil der Leittechnik der Lok das bereits besprochene Display mit den Multifunktionstasten. Anzeigen zur Information des Lokführers, sicherheitsrelevante Meldungen und mehrere Bedienungseinrichtungen sind in diesem Gerät übersichtlich zusammengefaßt.

Ganz links auf der schrägen Konsole ist das Zugbahnfunkgerät ZBF 90 angeordnet, welches, da auf anderen Fahrzeugen ebenfalls vorhanden, nicht Gegenstand dieser Abhandlung sein soll.

Es sei jedoch angemerkt, daß die zugehörigen Lautsprecher an der Führerraumdecke angeordnet sind und weitere Baugruppen für das Zugbahnfunkgerät im Hilfsbetriebegerüst untergebracht sind.

Aktiviert wird das Gerät für den jeweils besetzten Führerstand durch einen Kontakt am Richtungsschalter.

Völlig entspannt sitzt Lokführer Lothar Kretz bei Tempo 200 und LZB-Betrieb im Führerstand der 101

Auf der waagerechten Bedienungskonsole sind gleichermaßen links des Sitzplatzes des Lokführers der Richtungsschalter, der V-Soll-Steller und der Zugkraftsteller nebeneinander angeordnet. In ähnlicher Lage rechts der Mitte sind gleichartige Steller für die durchgehende Zugbremse, für die elektrische Bremse, und von letzteren deutlich verschieden und kleiner ausgeführt, für die direkte Lokbremse angeordnet. Entsprechend der Lage dieser Steller werden sie mit der linken, bzw. mit der rechten Hand bedient, und zwar zum Fahren und Bremsen in logischerweise gegensinniger Richtung.

Zwischen diesen Bedienungsorganen ist Platz freigehalten für die Buchfahrpläne, also für die Fahrzeiten- und Geschwindigkeitshefte, sowie für die „La", welche mittels Klammern in geöffnetem Zustand festgehalten werden können. Rechts neben dem MFA ist, gut im Blickfeld des Lokführers, weiterer Platz für Befehle oder ähnliches vorhanden. Dieser derzeit freie Platz ist aber für den Einbau des Displays des elektronischen Buchfahrplans und der elektronischen La (EbuLa) vorgesehen. Zunächst werden die Loks 101 060 – 119 mit dieser sehr fortschrittlichen Einrichtung ausgerüstet.

Die Anzeige für CIR-ELKE benutzt das gleiche Display, wobei diese Ausrüstung später für alle Loks vorgesehen ist. Der Einbau dieser sehr hilfreichen Einrichtung erfolgt durch Adtranz auf Kosten der DB und hat bereits begonnen. Alles in allem macht der Führerstand einen aufgeräumten und sehr übersichtlichen Eindruck.

Der Richtungsschalter hat außer der Festlegung der Fahrtrichtung der Lok die weitere Funktion, im Führerstand eine Vielzahl von Geräten zu aktivieren. Im nicht besetzten Führerstand bleiben lediglich sicherheitsrelevante Einrichtungen bedienbar, wie „Stromabnehmer nieder" (zusätzlich: gleichzeitig sanden), „Hauptschalter Aus" und „Anlegen" der direkten Bremse, unabhängig von der Stellung des Richtungsschalters. Der Richtungsschalter hat die vier beschrifteten Stellungen V, M, R

Die Batterieschalttafel (links) und der Hilfsfahrschalter der Baureihe 101

und 0, für Vorwärts, Mitte und Rückwärts. Der Betätigungshebel, der sogenannte Richtungsschalterschlüssel, kann wie früher bei den Einheitsloks der „Knochen" in der 0-Stellung abgezogen werden. Nur bei eingestecktem Richtungsschalterschlüssel und in den vorgenannten Stellungen sind Eingaben an den Bedienungselementen möglich.

Der Zugkraftsteller hat die Raststellungen „0" und „Fahrt" und dann folgend eine stufenlose Zugkrafteinstellung, wozu er vom Bediener wegbewegt wird. Bei Betätigung werden aus Gründen der Redundanz an zwei Potentiometern Spannungsabfälle bewirkt, welche als analoger Sollwert für die Zugkraftanforderung an das Zentrale Steuergerät geführt und dort digital weiterverarbeitet werden. Die Verriegelung für eine Fahrschalter-Nullquittierung nach Bremsen oder nach Zwangsbremsung werden nur noch softwaremäßig im zentralen Steuergerät realisiert.

Beim V-Soll-Steller, der Vorgabe für eine gewählte Sollgeschwindigkeit, wird die Stellung ebenfalls durch zwei Potentiometer abgegriffen und ein Spannungsabfall wird als Analogwert an das zentrale Steuergerät geleitet. Der Steller hat eine gerastete Nullstellung und wird zum Einstellen höherer Geschwindigkeiten von Bediener wegbewegt. Der V-Soll-Steller wird zum Fahren mit der automatischen Fahr- und Bremssteuerung AFB betätigt und gibt den Sollwert für eine automatisch anzustrebende Geschwindigkeit vor. Der Sollwert wird wie bei anderen mit AFB oder LZB ausgerüsteten Loks als roter Pfeil am äußeren Rand des Tachometers angezeigt und bewegt.

Ein- und ausgeschaltet wird die AFB an einem Schalter „AFB Ein/Aus" an der Konsole links seitlich der Fußnische für den Lokführer. Auch dieser Schalter aktiviert eine Umschaltung im zentralen Steuergerät der Lok. Bei Betätigung erfolgt eine Sprachausgabe. Bei aktivierter AFB legt die Lok im Stillstand automatisch die Zusatzbremse an, welche generell beim Anfahren gelöst wird.

Zum Anfahren, insbesondere am Bahnsteig, unter gleichzeitiger Beobachtung des Zuges ist die Lok mit sogenannten Hilfsfahrschaltern ausgestattet, welche an den Führerraumseitenwänden in Griffnähe der Fenster angeordnet sind. Diese haben die Stellungen „0", „Ab", „Fahrt" und „Auf", wobei letztere als Taststellung ausgeführt ist. Für Notfälle ist eine Stellung „Schnellbremsung" vorhanden.

Zur Betätigung des Hilfsfahrschalters muß dieser zunächst mit einem an der gleichen kleinen Konsole angebrachtem Taster mit der Beschriftung „Frei" aktiviert werden und der Fahrschalter muß in Stellung „Fahrt" stehen. Bei Freigabe des Hilfsfahrschalters wird gleichzei-

tig die Zusatzbremse gelöst, damit der Lokführer nicht mehrere von einander entfernte Bedienungsorgane betätigen muß. An der Konsole für den Hilfsfahrschalter kann auch die Indusi bedient werden. Sifa-Taster sind jeweils unterhalb der Seitenfenster angebracht.
Um mit dem Hilfsfahrschalter anfahren zu können, muß der Bremssteller in Fahrtstellung, der Zugkraftsteller ebenso in Fahrtstellung und der Hilfsfahrschalter zunächst in 0-Stellung stehen.
Die Steller für Geschwindigkeit und Zugkraft haben ebenso wie die für die für die Bremsen unterschiedlich ausgeführte Handgriffe, um sie auch bei Dunkelheit sicher zu unterscheiden. Der Handgriff des V-Soll-Stellers ist vor Betätigung zu drehen, der des Zugkraftstellers ist niederzudrücken. Die Steller der Bremsen können ohne solche zusätzlichen Handlungen betätigt werden.
Bei Betätigung der durchgehenden Bremse wird die elektrische Bremse der Lok automatisch eingeschaltet, wobei die elektrische Bremse selbstverständlich auch allein betätigt werden kann. Hiervon wird überwiegend bei Talfahrt oder geringeren Geschwindigkeitsanpassungen Gebrauch gemacht. Zur alleinigen Benutzung der pneumatischen Bremse kann die E-Bremse durch Niederdrücken ihres Stellers, Festhalten und gleichzeitiges Betätigen der durchgehenden Bremse entkoppelt werden. Beim normalem Abbremsen eines Zuges wird die Lok ausschließlich mit der E-Bremse abgebremst, welche bis zum Stillstand wirksam bleibt. Die Stellungen der Bremssteller sind gerastet und markiert. Der Steller der Zusatzbremse erlaubt nur ein Einströmen oder Ausströmen der Luft und dadurch ein Verstärken oder Vermindern der Bremskraft durch Festhalten in Brems- oder Lösestellung, nicht aber das vorgewählte Einstellen einer bestimmten Bremskraft. Das Führerbremsventil kann konventionell mit einem abziehbaren Schlüssel abgeschlossen werden.
Besonderheit der Steller für die pneumatischen Bremsen ist die bereits beschriebene elektrische Signalübertragung, so daß bei einer Betätigung das von älteren Lokomotiven bekannte Geräusch strömender Luft auf dem Führerstand entfällt.
Am rechten Rand der Bedienkonsole befinden sich Kipptaster für die Türschließeinrichtung und das Makrofon. Ob die 101 einmal zur Nahverkehrslok degenerieren wird? Zumindest eine Türschließeinrichtung sowie die vorbereitete AiZ legen den Gedanken hieran nahe. Das Makrofon kann zusätzlich durch eine Fußtaste, ebenso wie die Sifa, in der Fußnische vor den Sitzplatz des Lokführers bedient werden.
Oberhalb des Platzes für die Fahrplanunterlagen befinden sich in zwei Gruppen die Schalter für das Fernlicht, die Signal- und Instrumentenbeleuchtung sowie für die Führerraumbeleuchtung. Daneben die Schalter für die Zugbeleuchtung bei Wendezugbetrieb, und mit einem runden Knopf versehen und somit leicht von den anderen unterscheidbar die Bedienung für das Sanden sowie für „Bremse lösen". Die Betätigung des Tasters „Bremse lösen" läßt die Druckluft aus den Bremszylindern der Lok entweichen und ermöglicht so ein besonders rasches Auslösen der pneumatischen Bremse der Maschine.
Links davon als einzelner Schalter ist die Türfreigabe, auch für einen eventuellen Einsatz im Nahverkehr, vorgesehen. Oberhalb des Richtungsschalters, bereits im abgewinkelten Teil der Bedienkonsole, befindet sich der Schalter für die Zugsammelschiene, über welche die Verbraucher der angekuppelten Wagen mit Energie versorgt werden. Mit diesem Schalter wird das Heizschütz angesteuert, welches die sekundärseitige Wicklung des Trafos mit den Heizkupplungen an den Lokomotivenden verbindet.
Die Begriffe Zugsammelschiene und Heizung gehen im Sprachgebrauch noch etwas durcheinander. Der Heizstrom wird mit einem Wandler überwacht, welcher bei einem Strom von mehr als 900 A den Hauptschalter auslöst. Auch die Heizspannung wird mit maximal 1150 V überwacht, wobei bei höherer Spannung das Heizschütz ausgeschaltet wird. Wenn an den Heizkupplungen von anderer Quelle

bereits eine Spannung anliegt, so kann das Heizschütz nicht eingeschaltet werden.
Links vom Schalter für die Zugsammelschiene befinden sich der, wie bei allen Elloks durch einen Quergriff besonders hervorgehobene, Schalter für den Stromabnehmer sowie der Taster für den Hauptschalter. Davor, weiter links, die Gruppe aus den drei Betätigungsorganen für die Indusi, wobei die Wachsamkeitstaste durch den üblichen runden Knopf gut fühlbar und bei Dunkelheit verwechslungssicher ausgeführt ist.
Die Indusi ist mit der Sprachausgabe verbunden, so daß bei Überfahren des 1000-Hz-Magnetes bei Vr 0 (Vorsignal in Warnstellung) eine sachliche Männerstimme Zugbeeinflussung meldet. Soweit wie bei der 152, wo der Lokführer die Auswahl für die Sprachausgabe zwischen Männer- und Frauenstimme hat, ist man bei der 101 allerdings nicht gegangen.
Ganz links befinden sich zwei Schalter für Luftpresser und Lüfter.

Sprachausgabe

Eine erstmals beim ICE eingeführte Neuerung wurde, da sie sich bewährt hatte, auch auf die Baureihe 101 und die anderen Neubauloks übernommen. Wichtige Meldungen an den Lokführer, insbesondere solche mit Sicherheitsrelevanz, werden als Sprachausgabe abgegeben. Hierdurch sind diese Meldungen verwechselungsfrei und rascher aufzunehmen als bisher durch Leuchtmelder, verbunden mit einem Signalton. Um ein mögliches gefährliches Kauderwelsch zu vermeiden, kann jedoch immer nur ein Signal ausgegeben werden, wobei die Ansteuerung nach einer vorgegebenen Priorität erfolgt. Die Lautsprecher beider Führerstände werden parallel angesteuert, so daß auch im nicht besetzten Führerstand die Meldungen mit abgehört werden können.
Die Baugruppe für die Sprachausgabe ist im Elektronikschrank untergebracht und wird mit 24 V aus dem DC/DC-Wandler versorgt. Die Ansteuerung der Sprachausgabe erfolgt aus dem Zentralen Steuergerät über den Integrierten Fahrzeugbus. Wichtigste Ansagen sind: Zugbeeinflussung, Störung, Notbremse, Sifa, AFB, Zugbeeinflussung, Federspeicherbremse oder bei den Lokführern weniger beliebt: Zwangsbremsung. Besonders hervorzuhebende Meldungen werden dreimal angesagt.

Weitere Bedieneinrichtungen

Außer auf dem Führerpult befinden sich im Führerstand weitere Bedieneinrichtungen an der linken Führerpultkonsole sowie an der Rückwand des Führerstandes.
Links der Fußnische setzt sich die Konsole mit dem Hörer für die Zugbahnfunkanlage sowie weiteren wichtigen Bedienungsorganen fort. In der obersten Reihe, oberhalb des Hörers, sind der Ein/Aus-Schalter für die AFB (Automatische Fahr- und Bremssteuerung), der Fühler für die Raumtemperatur sowie ein Potentiometer für die gesamte Konsolenbeleuchtung untergebracht. In der Reihe darunter, rechts neben dem Hörer, drei Schalter für Stirnfensterheizung, Fußbodenheizung und Nischenheizung. Wiederum darunter liegen nochmals drei Schalter für Gebläseregelung, Temperaturwahl sowie der Wahlschalter der Klimaanlage. Als einzelner Schalter unterhalb befindet sich noch die Ein/Aus-Schaltung des Druckschutzes für den Führerstand.
Rechts neben der Fußnische sind der Schalter für die Scheibenwischer sowie ein Taster für die Scheibenwaschanlage untergebracht.
Als erste Lok der DB ist die Baureihe 101 endlich mit einem elektrisch angetriebenen Scheibenwischer mit Waschanlage ausgerüstet, und es ist zu hoffen, daß damit ein altes Ärgernis, welches Generationen von Lokführern durch ihr Leben begleitet hat, ein für alle Mal überwunden ist. An diesem Schalter können die Stellungen „Parken“, „Intervall“, „langsam“ und „schnell“ angewählt werden. Beim Ausschalten läuft der Wischer in die Endstellung und erspart so dem Lokführer das früher häufig nötige Aufstehen von seinem Sitz und das

Der Maschinenraumdurchgang in der 101

manuelle Rückführen des Wischers in eine die freie Sicht nicht beeinträchtigende Endstellung. Auch das nervtötende Geräusch der alten Luftmotoren gehört der Vergangenheit an, und viele Lokführer werden den an Luxuslimousinen erinnernden Scheibenwischer gleichermaßen fortschrittlich empfinden wie die gesamte Drehstromtechnik.

Bei einer Störung der Stromversorgung des Wischers auf der Lokführerseite kann auf die des anderen Wischers umgeschaltet werden. Die Dauer des Sprühens hängt von der Betätigungsdauer des Tasters ab.

Ebenfalls auf dieser Konsole befindet sich an der gleichen Stelle wie bei allen Loks die Notbetätigung der indirekten Bremse. Durch eine großflächige Entlüftung der Hauptluftleitung kann unabhängig von anderen Bedienungsorganen eine Notbremsung ausgelöst werden. Dieses Schnellbremsventil ist gegenüber dem bekannten „Bierflaschenverschluß" modernisiert ausgeführt (Notbrems-Ventil).

Die Bedientafel an der Führerhausrückwand rechts (in Fahrtrichtung der Lok gesehen) ist zwischen Führerstand 1 und Führerstand 2 verschieden. Ein Teil der Einrichtungen ist auf den sonst gleich ausgeführten Tafeln nur auf dem Führerstand 1 vorhanden. Es sind dies in der oberen Reihe das Meßinstrument für die Batterie sowie der Wahlschalter für die zeitmultiplexe Wendezugsteuerung bez. die zeitmultiplexe Mehrfachsteuerung. In der zweiten Reihe sind nach rechts versetzt der Schalter für die Signalleuchten sowie ein Schalter „LZB Nothalt" auf beiden Führerständen gleich angebracht. Der Schalter „LZB Nothalt" ermöglicht es dem Lokführer, bei Beobachtung von Unregelmäßigkeiten oder Betriebsgefahren, z.B. auf dem Nachbargleis, andere Züge über die LZB anzuhalten.

In der dritten Reihe sind der Batterieschalter für eine Schleppfahrt der Lok, der Stromabnehmerwahlschalter sowie der Schalter für den Wechsel der Bremsart GPR. Die an diesem Schalter eingestellte Bremsart wird an das zentrale Steuergerät übermittelt und über den Fahrzeugbus an die Bremssteuerung HSM weitergeleitet.

Diese Einstellungen beeeinflussen die Aufbau- und Abbauzeiten der Bremskräfte, das Zeitverhalten der elektrischen Bremse, sowie die Drücke in den Bremszylindern. Diese genannten drei Schalter befinden sich nur auf dem Führerstand 1, auf beiden Führerständen dagegen sind in der gleichen Reihe unterschiedlich ausgeführte Taster für „Federspeicherbremse anlegen" und „Federspeicherbremse lösen" angebracht.

In der untersten Reihe sind auf dem Führerstand 1 der Batterieprüftaster auf Erdschluß, rechts daneben – auf beiden Führerständen – die Schalter für Notbremsüberbrückung und EP-Bremse, der Wahlschalter „el/pn", der Umschalter „ZSG", ein Taster zum Prüfen der Leuchtmelder sowie schließlich der Lichtschalter für den Maschinenraum der Lokomotive installiert.

Das modernisierte Notbremsventil der 101

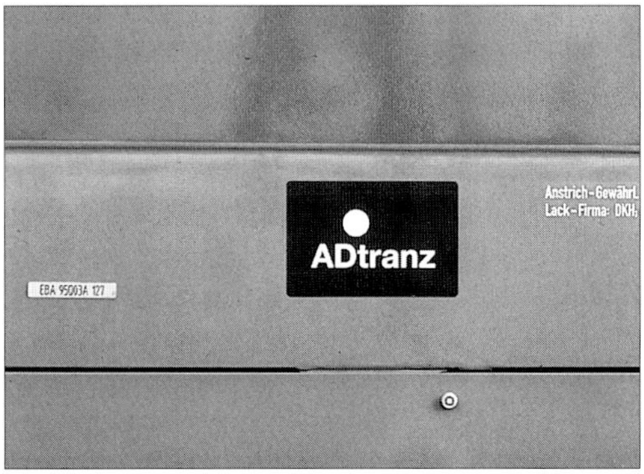

Ein Alu-Täfelchen im Führerstand und Aufkleber draußen – das ist alles, was vom einst stolzen gegossenen Werksschild übriggeblieben ist

Der Schalter „el/pn" ermöglicht das Umschalten von rein pneumatischer Zugbremse auf die elektrisch arbeitende EP-Bremse. In dieser Stellung werden über das UIC-Kabel beim Bremsen alle Bremsen im Zug elektrisch gleichzeitig angesteuert, was einen rascheren und gleichmäßigeren Eintritt der gewünschten Verzögerung bewirkt. Selbstverständlich erfolgt auch in dieser Stellung beim Bremsen eine Druckabsenkung in der Hauptluftleitung, so daß eine Bremsung unabhängig von der elektrischen Ansteuerung in jedem Falle, auch bei Störung der EP-Bremse, ausgelöst wird, dies allerdings mit der bisher immer gegebenen zeitlichen Verzögerung durch das Ausströmen der Luft. Bei einer Störung der Bremselektronik kann diese an diesem Schalter ausgeschaltet und auf rein pneumatische Bremsweise umgeschaltet werden. Im IC-Verkehr ist „el" die Normalstellung dieses Schalters.

Der Schalter „ZSG" dient zum Umschalten bei gestörtem Zugsteuergerät auf das nicht gestörte Gerät. Voraussetzung hierzu ist der Stillstand der Lok, das Ausschalten des Hauptschalters sowie das Senken des Stromabnehmers. An der linken Rückwand des Führerstandes 1 ist der Zugdateneinsteller eingebaut, welcher die eingegebenen Daten elektronisch speichert. An diesem Gerät werden vor Beginn einer Zugfahrt wichtige Daten wie Bremsart, Bremshundertstel, Zuglänge oder Höchstgeschwindigkeit des Zuges sowie die Zugnummer eingestellt. Die Eingabe dieser Daten ist bei einer LZB-Führung der Züge erforderlich. Bei Änderungen der Zugbildung oder bei Wechsel der Zugnummer müssen diese Einstellungen natürlich berichtigt werden.

Selbstverständlich ist die Lok mit der modernen Zugbahnfunkanlage ZFM 90 zur Kommunikation mit den Zugüberwachungsstellen ausgerüstet. Die Anlage besteht aus dem Bediengerät BG 90, dem Handapparat, einem Lautsprecher sowie der Antenne auf dem Dach der Lok. Mit dem GSM-Funk hat die Lokomotive insgesamt zwei Antennen auf dem Dach. Ebenso selbstverständlich ist die Ausrüstung der Lok mit Sicherheitsfahrschaltung, Linienzugbeeinflussung und induktiver Zugsicherung üblicher Bauarten, deren Beschreibung wegen des allgemeinen Charakters dieser Einrichtungen nicht Gegenstand dieser Abhandlung sein kann.

In der Rückwand beider Führerstände sind weiterhin je zwei Feuerlöscher, ein Thermofach, ein Kleiderfach sowie der Wasserbehälter für die Scheibenwaschanlage untergebracht. Das Thermofach kann mittels eines daran angebrachten Schalters in die Stellungen „Aus", „Heizen" oder „Kühlen" gebracht werden. Oberhalb des linken Frontfensters im Führer-

stand 1 ist die Antenne für die Funkuhr angebracht.
Für die AiZ (Automatisierung im Zuge), wie Lautsprecherdurchsagen für Betrieb ohne Zugführer, seitenrichtige Türfreigabe und Türschließeinrichtung, Einschaltung der Zugbeleuchtung und weitere arbeitsplatzvernichtende zeitgemäße Einrichtungen ist die 101 schon vorbereitet.
Bleibt noch zu erwähnen, daß an der linken Seitenwand des Führerstandes 1 unterhalb des Hilfsfahrschalters ein Fabrikschild aus Aluminium mit Hersteller, Fabriknummer und Baujahr angeklebt ist. Die Zeit wertvoller, gar aus Bronze gegossener Fabrikschilder, ist eben ein für alle Mal Vergangenheit. Solche low-cost-Schilder werden wohl kaum einmal Sammelobjekte von Liebhabern werden.

Heizungen

Außer mit der bereits beschriebenen Klimaanlage sind die Führerstände mit verschiedenen Heizungen ausgerüstet. Heizbar sind die Stirnfensterscheiben, wobei die Heizdrähte in zwei Stromkreise aufgeteilt sind. Bei normalem Heizbetrieb sind diese in Serie geschaltet, sie können jedoch zum Auftauen der Scheiben auch parallel geschaltet werden. Für diesen kurzzeitigen Betrieb ist am Schalter eine Tast-stellung vorgesehen.
Alle vier Seiten der Fußnische sind beheizt, ebenso wird der Fußboden des Führerstandes elektrisch beheizt. Alle drei Heizungen werden aus der Hilfsbetriebewicklung 203 V mit Energie versorgt und sind gegen Übertemperaturen abgesichert.

Fahren und Bremsen

Nicht nur der gesamte Führerstand, auch die Bedienung der Lok ist gemessen an früheren Triebfahrzeugen ausgesprochen komfortabel. Zum Fahren hat der Lokführer die Wahl zwischen manueller Bedienung und der Automatischen Fahr- und Bremssteuerung AFB. Bei rein manueller Bedienung wird die Sollgeschwindigkeit auf einen höheren als für die Strecke benötigten Wert oder aber auf die Streckenhöchstgeschwingigkeit eingestellt. Mit dem Zugkraftsteller wird dann die jeweilig benötigte Zugkraft zum Beschleunigen und Erreichen der gewünschten Geschwindigkeit bzw. zu deren Einhaltung in der Beharrung eingestellt. Zum Ausrollen oder zum Bremsen wird die Zugkraft, wie bei anderen Lokomotiven auch, zurückgenommen. Motorströme müssen nicht mehr beachtet werden, der Oberstrom nur noch in besonderen Fällen, da bei voller Zugkraft die Lok automatisch an der Leistungsgrenze anfährt. Die meisten Lokführer fahren aber nicht mit maximaler Zugkraft an und nutzen das selbständige Heranführen der Zugkraft an die auf die Schienen übertragbare Zugkraft nicht voll aus.
Zur optimalen Ausnutzung des je nach Schienenzustand vorhandenen Kraftschlusses zwischen Rad und Schiene wird ein hochdynamisches Regelverfahren angewendet. Zur Erfassung der echten Geschwindigkeit der Lok über Grund wird ein aus der Militärtechnik übernommenes Radargerät eingesetzt, da die Raddrehzahl wegen eines möglichen Schlupfes häufig nicht die wahre Geschwindigkeit wiedergibt. Das beginnende Schleudern und die Wirksamkeit der Regelung kann man besonders bei nassen Schiene auf der Lok, aber auch als Beobachter an der Strecke deutlich hören und fühlen.
Manche sensible Lokführer können einen schweren Zug auch von Hand durch geeignete Zugkraft beschleunigen und dabei einen deutlich merkbaren Schlupf vermeiden, die volle Zugkraft der Lok werden sie dabei aber nicht nutzen.
Ganz anders ist das Fahren mit AFB. Eine vorgewählte Geschwindigkeit wird von der Lok automatisch angestrebt und dann sehr präzise eingehalten. Die Beschleunigung auf diese Geschwindigkeit hin wird von der gewählten Zugkraft bestimmt, ist aber auf 0,5 m/sec^2 begrenzt. Höhere oder niedrigere Geschwindigkeiten können mit dem V-Soll-Steller eingestellt werden, wobei die Lok die neu vorgege-

bene Geschwindigkeit doch weniger sensibel anstrebt, als es durch manuelle Bedienung möglich ist.
Insbesondere ein Bremsvorgang erfolgt einigermaßen abrupt und fast immer mit einer unnötig starken Verzögerung. Fast alle Lokführer nehmen selbst bei Fahrt mit AFB oder sogar mit LZB vor einem Geschwindigkeitswechsel abwärts die Zugkraft zurück und nutzen das komfortable und energiesparende Ausrollen so gut als vom Fahrplan her möglich aus. Auch empfinden die Lokführer meist ein eigenes Handeln als interessanter und abwechslungsreicher als das Fahren mit einer Automatik.

Mit diesem Radargerät wird erstmals die wirkliche Geschwindigkeit über dem Gleis gemessen, und nicht die von der Raddrehzahl abgeleitete

Das präzise Einhalten einer bestimmten Geschwindigkeit allerdings, häufig sind das 160 km/h, vermag die Automatik unabhängig von kleineren Steigungen oder Gefällen, mit +/- 2 km/h weit besser der Lokführer. So ist das Fahren mit AFB in vielen Fällen eine nennenswerte Erleichterung.
Die Geschwindigkeitssteuerung wird durch einen Geschwindigkeitsregler und einen Beschleunigungsregler vorgenommen. Der Beschleunigungsregler gibt Beschleunigungssollwerte vor, welche vom Unterschied der augenblicklichen zur gewünschten Geschwindigkeit abhängen und vor Erreichen der Sollgeschwindigkeit soweit zurückgenommen werden, daß ein Überschreiten dieser Geschwindigkeit sicher vermieden wird. Die Beschleunigungssollwerte werden von der Antriebssteuerung in Drehmomentsollwerte umgewandelt.
Bei negativen Beschleunigungsvorgaben werden diese der elektronischen Bremssteuerung zugeführt und in eine Druckbeeinflussung der Hauptluftleitung umgewandelt. Jede Betätigung des Führerbremsventils oder der elektrischen Bremse hat Vorrang vor den Vorgaben der AFB. Zur Rückkehr in den AFB-Betrieb nach einer Bremsung ist der Zugkraftsteller in die 0-Stellung zurückzunehmen, bevor wieder AFB-Vorgaben reaktiviert werden können. Mit dem V-Soll-Steller wird am Außenrand des Tachometers ein roter Zeiger verstellt, welcher die angewählte Maximalgeschwindigkeit anzeigt.
Die manuelle Einstellung des maximalen Sollwertes ist auf 160 km/h begrenzt. Bei höheren Geschwindigkeiten wird dieser Zeiger von der LZB geführt.
Die Fahrt mit Linienzugbeinflussung unterscheidet sich vom AFB-Betrieb dadurch, daß der V-Soll-Wert durch die LZB vorgegeben wird. Im Grund ist diese Fahrweise einem vollautomatischen Betrieb schon recht nahe, und theoretisch ist mit dieser Technik ein Bahnbetrieb ohne Lokführer durchaus vorstellbar. Aber auch bei LZB-Betrieb greifen die Lokführer häufig in die Steuerung der Lok ein, um bei günstiger Lage der Fahrzeit das Ausrollen zu

Zweistündlich kreuzen in Radolfzell IR-Züge mit der 101. Eine zieht, eine schiebt den Wendezug

ermöglichen und unnötiges Abbremsen zu vermeiden oder eine niedrigere Höchstgeschwindigkeit dann zu wählen, wenn der Fahrplan diese erlaubt.

AFB und LZB kamen erstmals bei der Baureihe 103 serienmäßig zur Anwendung. Nach dem Unfall von Rheinweiler 1971 war die AFB für eine Reihe von Jahren nicht mehr in Betrieb, und auch heute kann die AFB bei der 103 nicht mehr benutzt werden, da ein Fahren mit dieser Technik die Lokomotive in jedem Falle mehr beansprucht, weil die sensible Hand des Lokführers fehlt.

Die Betätigung der Bremsen unterscheidet sich von älteren Lokomotiven nicht grundsätzlich, sondern nur durch die Art und Anordnung der Steller und durch die erforderlichen Handgriffe. Zur Beharrung eines Zuges im Gefälle sowie zur geringfügigen Verringerung der Geschwindigkeit reicht häufig die Betätigung der elektrischen Bremse alleine aus, bei Betriebsbremsungen oder gar im Notfall kommt die durchgehende indirekte Bremse zur Anwendung, wobei die Lok elektrisch gebremst wird. Bei einer Störung der sogenannten E-Bremse wirkt selbstverständlich die pneumatische Bremse der Lok.

Geschwindigkeitsmessung

Der Lokführer muß für das ordnungsgemäße Bedienen der Lok jederzeit die Fahrgeschwindigkeit genau kennen. Speziell für das Fahren mit der AFB oder von der LZB geführt ist die genaue und höchst zuverlässige Ermittlung der Fahrgeschwindigkeit von größter Bedeutung. Auch ein perfekter Schleuderschutz oder eine wirksame Schlupfregelung ist nur bei einer präzisen Geschwindigkeitsmessung möglich. Die Baureihe 101 ist daher mit redundanten und diversitären Meßgeräten hierfür ausgerüstet.

Die Motordrehzahl ist ein Maß für die Geschwindigkeit der Lok bei Berücksichtigung einer eventuellen Abnutzung der Räder. Diese Messung ist vierfach vorhanden und das Zentrale Steuergerät bildet aus den vier Einzelsignalen ein übergeordnetes Geschwindigkeitssignal. Die Impulsgeber an den Fahrmotoren ergeben den Sollwert für die Antriebssteuerung, wobei die Zug- und Bremskraft jedes einzelnen Motors gemäß der augenblicklichen Adhäsionssituation geregelt wird. Induktive Wegimpulsgeber auf den Radsätzen 2 und 3 liefern weitere Wegmessungen und somit bezogen auf die Zeit ein Geschwindigkeitssignal. Allerdings ist auch hier der Raddurchmesser durch ein Korrekturglied zu berücksichtigen. Letztere Messung wird für die LZB herangezogen. Ein Vergleich der Drehzahl der vier Radsätze, respektive der zugehörigen Motoren untereinander, kann als Maß für ein Schleudern oder einen Schlupf einzelner Radsätze und als Regelung für einen Schleuderschutz herangezogen werden. Es ist allerdings trivial, daß diese Regelung bei gleichzeitigem Schleudern oder auch bei gleichzeitig geringem Schlupf aller Radsätze nicht wie erforderlich funktionieren kann.

Stichwort: Hohe und niedrige Abbremsung

Die Wirksamkeit der pneumatischen Bremse ist von der Geschwindigkeit der fahrenden Lok und der Stellung des GPR-Drehschalters abhängig. Bei Stellung G und P wird die niedrige Abbremsung im gesamten Geschwindigkeitsbereich realisiert. In der Stellung R wird im hohen Geschwindigkeitsbereich zur Schonung der Bremsscheiben ebenfalls die niedrige Abbremsung realisiert, im niedrigen Geschwindigkeitsbereich allerdings die hohe Abbremsung.

Die Umschaltung zwischen hoher und niedriger Abbremsung erfolgt bei steigender Geschwindigkeit bei 160 km/h, bei fallender Geschwindigkeit bei 130 km/h. Der maximale Bremszylinderdruck beträgt bei niedriger Abbremsung 4,2 bar, bei hoher Abbremsung 6,2 bar.

Diese Umschaltung ermöglicht einen Kompromiß zwischen optimaler Bremsleistung und Schonung der Bremsscheiben.

Eine wirksame Schlupfregelung ist jedoch bei einer Hochleistungslokomotive, welche mit vier Radsätzen die gleiche Zugförderung erbringen soll wie bisher eine sechsachsige Lokomotive, unabdingbare Voraussetzung. Erstmals in Deutschland ist daher die Baureihe 101 mit einer von der Raddrehzahl völlig unabhängigen Geschwindigkeitsmessung in Form eines Radargerätes ausgerüstet, welches die echte Geschwindigkeit über Grund messen und als Regelgröße zur Verfügung stellen kann. Das von der Firma Honeywell aus der Militärtechnik entwickelte Gerät, welches unter dem Lokkasten deutlich sichtbar angeordnet ist, sendet elektromagnetische Wellen gebündelt im Frequenzbereich von 24 Gigahertz schräg in Fahrtrichtung aus, welche vom Schienenfuß und den Schienenbefestigungen an das Gerät reflektiert werden. Bei einer Bewegung des Fahrzeugs sind die reflektierten Wellen wegen des Doppler-Effektes gegenüber den ausgesendeten in der Frequenz verschoben, wobei diese Verschiebung der Geschwindigkeit proportional ist. Die Erfassung von Verkehrssündern durch die Polizei erfolgt nach dem gleichen Prinzip. Durch die geeignete Frequenz, sowie die Auslegung von Antenne und Signalverarbeitung wird eine hohe Meßgenauigkeit unabhängig von Witterungsverhältnissen und Art der Trasse erreicht. Das Radargerät liefert ein von der Radumdrehung völlig unabhängiges Signal für die Geschwindigkeit der Lok über Grund, welches eine zur bestmöglichen Ausnutzung der Haftreibung erforderliche Schlupfregelung ermöglicht.

Die größte Zugkraft kann die Lok bei einem definierten geringfügigen Schlupf der Radsätze entwickeln, wobei dieser durch die Antriebssteuerung genau geregelt wird. Diese Regelung arbeitet derart, daß die Beanspruchung der Räder hierbei in vertretbaren Grenzen gehalten wird. Bei feuchten Schienen und hoher Zugkraft kann man in bestimmten Geschwindigkeitsbereichen das Fahren mit vorgegebenem Schlupf als pfeifendes Geräusch auf der Lok, aber auch als außenstehender aufmerksamer Beobachter deutlich hören. Das Geräusch

Zug- und Bremskraftdiagramm

Das Zugkraftdiagramm, oder die Zugkraftkennlinie, gibt die Zugkraft einer Lok bezogen auf die Geschwindigkeit wieder. Bei elektrischen Lokomotiven, welche über eine elektrische Bremse verfügen, ist es zweckmäßig, auch die elektrische Bremskraft in dieses Diagramm aufzunehmen. Auf der Abszisse ist die Geschwindigkeit in km/h, auf der Ordinate sind die Kräfte in kN aufgetragen.
Daß Zug- und Bremskraft nicht identisch sind, ist im Falle der 101 nicht technisch bedingt, sondern von der DB vorgegeben. Die Bremskraft ist als Vorsichtmaßnahme auf 150 kN limitiert, um einer eventuellen Entgleisungsgefahr vorzubeugen, wenn Züge mit zu hohen Kräften schieben. Bei Gebirgsbahnen spielt diese Problematik eine besondere Rolle. Der Abfall der Bremskraft bei niedriger Geschwindigkeit ist ebenfalls beabsichtigt, um einen komfortablen Halt der Lok oder des Zuges ohne großen Halteruck zu ermöglichen.

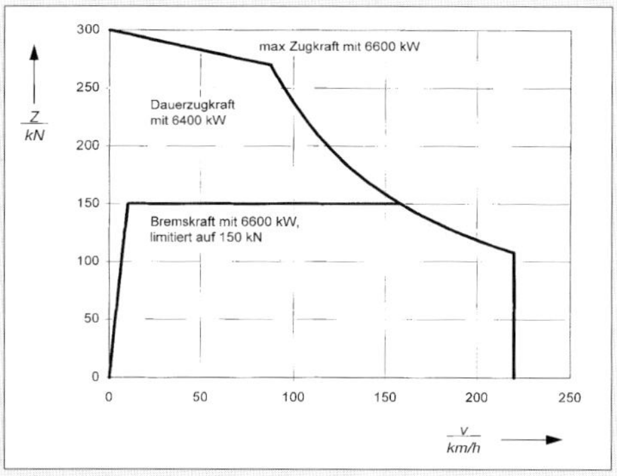

Die Anfahrzugkraft der 101 beträgt 300 kN, weil größere Zugkräfte bei der Masse der Lok von 84 t und einem Reibungskoeffizienten von 0,36 nicht zuverlässig zu übertragen sind. Unter idealen Adhäsionsverhältnissen sind höhere Zugkräfte durchaus denkbar. Da der Reibungskoeffizient mit steigender Geschwindigkeit abnimmt, nimmt die Zugkraft proportional ab. Bei einer Zugkraft von 272 kN und einer Geschwindigkeit von 87 km/h schneidet die Zugkraftlinie die Leistungshyperbel der Lok. Längs dieser Linie gilt:

Strom I mal Spannung U = konstant
Drehmoment mal Drehzahl = konstant
Leistung P = konstant

wird durch Resonanzen der speziell geformten, gewichtsoptimierten und daher relativ leichten Radscheiben, nicht jedoch durch den Schlupf selbst, erzeugt. Viele Lokführer vermeiden durch Rücknahme der Zugkraft das Fahren mit diesem Schlupf, wenn es der Fahrplan erlaubt. Der ICE und die österreichische 1044 erzeugen bei hohen Zugkräften häufig ein ähnliches Geräusch.

Mehrfachtraktion und Wendezugsteuerung

Die Baureihe 101 ist mit einer zeitmultiplexen Mehrfachtraktionssteuerung und einer zeitmultiplexen Wendezugsteuerung ausgerüstet. Mit InterRegio-Zügen und zahlreichen IC verkehrt die Lok bereits regelmäßig auch am Zugschluß und wird vom Steuerwagen aus ferngesteuert. Mit dem Datenübertragungssystem ZMS (Zeitmultiplexe Mehrfachsteuerung) können bis zu vier Loks unabhängig von ihrer Reihung im Zugverband gesteuert werden.
Zur Signalübertragung dienen zwei Leiter des UIC-Kabels. Die Übertragung aller Schaltaufträge sowie der Rückmeldungen erfolgt auf Basis zeitmultiplexer Frequenzmodulation.
Auch ein Doppeltraktionsbetrieb ist mittels der ZMS selbstverständlich möglich. An der Batterieschalttafel im Führerstand 1 kann die ZMS oder die ZWS (Zeitmultiplexe Wendezugsteuerung) angewählt werden. Die Lage des Richtungsschalters legt die führende und die geführte Lok fest. In der Betriebsart ZMS wird durch eine „Zugtaufe" festgestellt, wieviele Fahrzeuge an die Mehrfachtraktionssteuerung angekoppelt sind, wobei auf jeder gesteuerten Lok der Wahlschalter natürlich in Stellung ZMS stehen und die Batterie eingeschaltet sein muß. Nach erfolgter Zugtaufe beginnt die Datenübertragung von der führenden zu den geführten Loks mit Verzögerungen im Bereich von 100 – 300 ms.
Die führende Lok überträgt Schaltbefehle, die geführten Loks ihrerseits senden Meldedaten an die führende Lok zurück, wobei der Daten-

Wie in einer Bibliothek: Die Ablage für die Buchfahrpläne. Rechts ein Blick in den Werkzeugschrank

austausch zwischen dem Master – das ist die führende Lok – und den Slaves – das sind die geführten Loks – ständig vom Master überwacht wird. Wird nicht von jeder geführten Lok innerhalb einer Sekunde ein „Lebenszeichen" empfangen, erfolgt eine Störungsmeldung, welche im Diagnose-Display angezeigt wird. Die wichtigsten Daten der geführten Loks werden im Display der führenden Lok angezeigt.
Die Mehrfachtraktion mit nicht unmittelbar benachbarten Lokomotiven gewinnt zur Förderung schwerster Güterzüge im Bergland mehr und mehr Bedeutung. In der Schweiz wird hiervon bereits Gebrauch gemacht. Hierbei können die Loks als Schiebe- oder Zwischenlok eingesetzt werden. Die Datenübertragung könnte über das UIC-Kabel, welches mit einer der UIC-Kupplungen an der Frontseite der Lok verbunden wäre, erfolgen. Diese Dosen sind bereits als 18polige Steckverbindungen ausgerüstet und für den zum späteren Einsatz vorgesehenen Zugbus vorbereitet.
Güterwagen sind in Deutschland allerdings noch nicht mit UIC-Kabeln ausgerüstet. Der nächste Entwicklungsschritt für diese Technik, und hiervon wird in der Schweiz bereits Gebrauch gemacht, ist die Funkfernsteuerung.

Hilfreiches Zubehör

Es ist für sorgfältige Lokführer ein Leichtes, auf der 101 Ordnung und Sauberkeit zu bewahren. In der Führerhausrückwand befinden sich sehr praktische, mit Türen verschließbare Fächer für das Übergabebuch, kleinere Ersatzteile und sonstige Unterlagen. Besonders angenehm für das Lokpersonal sind zwei größere, mit Glastüren versehene Schränke in den Türen der Hilfsbetriebeumrichter, in welchen die Buchfahrpläne übersichtlich und sauber aufbewahrt werden und so mit einem Handgriff zur Verfügung stehen. Die großen Türen aus Makrolon mit ihren drei Verschlüssen sind allerdings empfindlich und nicht besonders handlich. Unmittelbar daneben ist, ebenfalls mit einer Glastür versehen, der Werkzeugschrank, in welchem einiges Werkzeug, ein Helm und zwei Schlußscheiben aufbewahrt werden. Je ein UIC-Kabel sowie ein Heizkabel als Reserve liegen für alle Fälle sorgfältig aufgerollt an ihrem Platz auf dem Rückkühlturm 1.

Der Bau der 101

Die Montage der Baureihe 101 erfolgt im ehemaligen Henschelwerk in Kassel. Die Fertigstellung und öffentliche Präsentation der ersten Lok, der 101 001-6, konnte am 1. Juli 1996 gefeiert werden. Für solche Anlässe hat sich das neudeutsche Wort „Roll Out" eingebürgert, und meist werden solche Ereignisse in heute typischem Zeitgeist begangen, welcher wirklich nicht jedermanns Geschmack trifft.

Die Ablieferung der letzten Lok, der 101 145, ist für Ende Mai 1999 geplant, so daß rein rechnerisch bis dahin im Mittel vier Lokomotiven je Monat abgeliefert wurden.

Wegen der bereits besprochenen Probleme mit der Baureihe 103 forderte die Bahn bis zum Sommerfahrplan 1997 mindestens 16 betriebsbereite Loks und fortlaufend weitere rasche Auslieferungen. Es gelang Adtranz unter äußerster Anstrengung, bis zu elf Lokomotiven in einem Monat fertigzustellen.

Nach Auslaufen der Baureihe 101 werden in Kassel die Baureihen 145 (ab der Seriennummer 011) und 185 gefertigt, allerdings in einer zeitlich stark gestreckten Kadenz. Die ersten Exemplare der 145 wurden ja noch in Hennigsdorf montiert. Das Adtranzwerk in Kassel ist zunächst auch noch für größere Reparaturen an der 101 zuständig, zum Beispiel für die Behebung von Unfallschäden, wozu auch die Schäden gehören, welche durch Selbsttötung lebensmüder Menschen unglücklicherweise immer wieder auftreten. Von solchen leichteren bis mittelschweren Schäden betroffen waren bisher die Loks 019, 043 und 058, welche in Kas-

Adtranz-Werk Kassel: Vom Kran aus hat man eine gute Sicht auf die in Arbeit befindlichen Lokomotiven

sel repariert wurden. Solange in Kassel noch Loks der Baureihe 101 gebaut werden, ist deren Reparatur an dieser Stelle im Auftrag der DB rationell. Später wird das Werk Nürnberg diese Arbeiten übernehmen.

Endmontage in Kassel

In Kassel erfolgt die Endmontage, auch vieler zugekaufter oder aus anderen Werken des Adtranz-Konzerns beigestellter Teile, so daß nur ein Teil der gesamten Wertschöpfung in Kassel erbracht wird. Hierin ähnelt die Herstellung einer Lokomotive modernen Fertigungsmethoden der Automobilindustrie.
Die bereits grundierten und bemerkenswerterweise per Lkw angelieferten Lokkästen mit einem Gewicht von über zwölf Tonnen werden in Kassel lackiert. Auf die Grundierung werden weitere zwei Lackschichten und schließlich die Decklackierung aufgebracht. Hierzu werden mehr als 100 kg Lack benötigt.
Dies ist eine Arbeit, welche nennenswerte Maßnahmen zum Schutz von Personen und der Umwelt erfordert. Entsprechend aufwendig sind die Einrichtungen zur Versorgung der Mitarbeiter mit Atemluft sowie zur Reinigung der Abluft aus der Spritzkabine.
Innen und auf der Unterseite sind die Lokkästen bei Ankunft bereits fertig lackiert.
Von der Ankunft des Lokomotivkastens bis zum Aufsetzen der fertigmontierten Lok auf die Drehgestelle vergehen nur etwa vier Wochen, besser gesagt knapp 20 Arbeitstage, was einerseits Ausdruck einer sehr weitgehenden Vorfertigung von Komponenten außerhalb und gleicherart auch innerhalb des Adtranzwerkes in Kassel ist, andererseits die stark durchrationaliserte Arbeitsweise verdeutlicht.
Etwa 90 Mitarbeiter sind mit der Fertigstellung der Lokomotiven beschäftigt. Während der Montage bleibt die sich entwickelnde Lok am gleichen Stellplatz und das Material fließt zur Lokomotive hin.
Die Verkabelung erfolgt auf sehr rationelle Weise durch Vorfertigung in einem Gestell

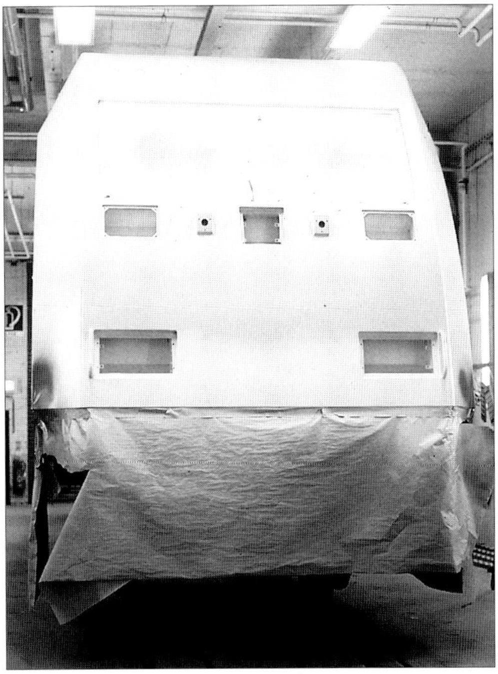

Die 101 131 in der Lackiererei

Beispiele für Zulieferungen nach Kassel

Lokkasten	Adtranz Wroclaw (Breslau)
Transformator	ABB Halle
Fahrmotoren	ABB Wien
Drehgestellrahmen	Adtranz Wroclaw (Breslau)
Drehgestelle	Adtranz Siegen
Hauptschalter, Stromabnehmer	Adtranz Hennigsdorf
Umrichter	Adtranz Mannheim
Leittechnik	Adtranz Mannheim

Zulieferungen fremder Hersteller

Radsatzwellen, Räder	Bochumer Verein (ehem. Vereinigte Schmiedewerke)
Motoren für Hilfsbetriebe	ABB
Druckluftanlage	Knorr Bremse München (teilweise)
Federn	Federwerke J. P. Grüber
Kühler	Behr, Stuttgart
Radar	Honeywell
Indusi, LZB	Siemens

Stichwort: Meilensteine für die 101

Anfrage der Deutschen Bahn	8.12.1993
Angebotsabgabe	24.3.1994
Erhalt des „letter of intent"	29.12.1994
Auftragserteilung	28.7.1995
Fertigung der ersten Lokkästen	Dezember 1995
Montagebeginn in Kassel	Januar 1996
Roll out der 101 001	1.7.1996
Zulassungsfahrten der 001 – 003	Aug. – Okt. 1996
Zulassung durch das EBA	18.2.1997
Erste Fahrt vor einem Regelzug	19.2.1997
Fertigstellung der 101 100	24.7.1998
Fahrleistung aller Loks bis Juli 1997	8 Mio. km
Fertigstellung der letzten Lok	Ende Mai 1999

außerhalb der Lok, welches nach Fertigstellung in den Kasten eingehoben wird. Die daran befestigten Kabelkanäle bleiben in der Lok, das Gestell selbst, welches nur eine Hilfskonstruktion ist, wird wieder herausgehoben. Gleichermaßen werden die Kabel unter dem Mittelgang des Maschinenraums verlegt.

Die Führertische werden in Kassel gebaut und sind vor Einbau in die Lok fast fertiggestellt, die Dächer werden endmontiert und die Bremsgerätetafel sowie das Druckluftgerüst werden gebaut. Auch Rohre werden in einer eigenen Rohrbiegerei gefertigt. In Spitzenzeiten standen in den Werkshallen in Kassel bis zu 15 Loks zur Montage.

Vertraglicher Bestandteil der Lieferung der Baureihe 101 war die Probezerlegung einer Lok. Hierzu wurde die 101 004 ausgewählt, welche durch die DB unter Begleitung des Herstellers probeweise zerlegt wurde. Bei solch einem Test überprüft der Kunde wesentliche Angaben des Herstellers bezüglich der Konstruktion der Lokomotive und ermittelt Arbeitszeiten, welche für die spätere Wartung und Reparatur wesentlich sind. Die Kosten für dieses recht aufwendige Unternehmen trägt die DB. Der wesentliche Teil dieser Zerlegung wurde in Hamburg durchgeführt, wobei Einzelteile, wie Drehgestelle und Stromrichter dann nach Nürnberg überführt und dort weiter

Ein weitgehend fertiggestellter Führertisch ist bereit zum Einbau in die Lok

Das Montagegestell zur Verkabelung der Lok: Die Kabeltrassen, die zum Einbau in die Lok kommen sollen, sind in einem Hilfsgestell außerhalb der Lok vorbereitet worden. Dieses Gestell wird im nächsten Arbeitsschritt komplett in die Lok gehoben, dann werden die Spreizer (rot) herausgenommen, worauf das Hilfsgestell zusammengeklappt und wieder herausgehoben werden kann

Der vorbereitete Kupplungsträger, noch ohne Puffer, mit den heute üblichen Schneeräumern

demontiert wurden. Andere Teile, wie Lüfter oder Scheibenwischer, wurden in Hamburg weiter untersucht. Der gesamte Arbeitsprozeß, bis die Lok in vollständigem Zustand wieder betriebsbereit war, erstreckte sich über mehrere Wochen.

Fabriknummer 33135 in Arbeit, später 101 025-5

Der Blick in den vorverkabelten und zum Geräteeinbau vorbereiteten Maschinenraum der Lok. An den Seiten die Kabelkanäle, die mit dem Hilfsgestell eingelegt wurden

Bei der Vorfertigung der Kabel, die unter dem Mittelgang (siehe Bild links) eingebaut werden

Inbetriebsetzung

Letzter Schritt beim Bau der Lokomotiven ist die Inbetriebsetzung, gelegentlich mit IBS abgekürzt. Nach beendeter Montage wird die fertiggestellte Lok zur Inbetriebsetzung in eine hierfür speziell hergerichtete Halle, die Inbetriebsetzungshalle, überführt. Die Gleise in dieser Halle sind aufgeständert und bieten einen allseitigen guten Zugang zur Unterseite der Lok, ebenso wie komfortable Aufstiege einen sicheren Zugang zum Dachbereich ermögli-

Natürlich läuft parallel zur Fertigstellung der 101er in Kassel die Produktion und Wartung anderer Fahrzeuge. Rechts ein 611er und hinten links hinter drei 101ern eine neue Werklok für die Rheinbraun

Die 101 043 wird auf ein Hilfsgestell aufgesetzt, mit dem sie im Werksgelände verfahren werden kann. Sie gehört zu den Lokomotiven, die (nach einem Aufprall) bereits wieder im Herstellerwerk repariert werden mußten

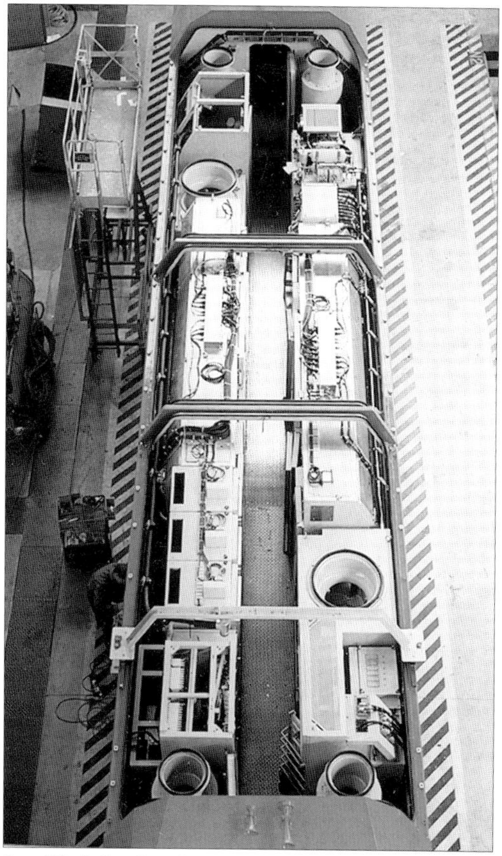

Der Blick in den fertig ausgerüsteten Maschinenraum einer 101. Ganz oben und unten sind die Ansaugöffnungen der Fahrmotorlüfter zu erkennen, zur Mitte hin und versetzt die Ansaugöffnungen der Kombilüfter. Oben links das Hochspannungsgerüst, rechts gegenüber das Druckluftgerüst

Stichwort: Bauartzulassung der 101

Zwischen August und Oktober 1996 wurden für die Zulassung der neuen Lokomotive umfangreiche stationäre Versuche sowie Versuchsfahrten durchgeführt. Wesentlicher Gegenstand der stationären Untersuchungen waren die Drehgestelle und der Lokkasten, hier insbesondere der Druckversuch. Bei Versuchsfahrten wurden neben der Bremstechnik in erster Linie die Führungskräfte im Gleis bei Geschwindigkeiten bis zu 242 km/h (Höchstgeschwindigkeit + 10 %) und deutlich mehr, sowie mit unausgeglichenen Seitenbeschleunigungen von bis zu 1,6 m/sec^2 Grenzwerte für die Beanspruchung des Fahrweges überprüft. Verwendet wurden für diese Untersuchungen die Lokomotiven 101 001 – 003.
Selbstverständlich erfordert die Bauartzulassung die Vorlage und Überprüfung einer Vielzahl von Zeichnungen und Berechnungen, sowohl für die Lokomotive selbst, als auch für einzelne Komponenten.

chen. Da die Gleise der Inbetriebsetzungshalle sämtlich mit Fahrleitung überspannt sind, ist selbstverständlich – quasi signaltechnisch sicher – dafür gesorgt, daß durch die Hochspannung keine Unfälle geschehen können. Der Zugang zum Dachbereich ist bei eingeschalteter Spannung verschlossen, respektive kann die Spannung nur eingeschaltet werden, wenn keine Gefährdung von Menschen möglich ist. Das Adtranzwerk in Kassel ist übrigens erst seit 1995 an die Bahnstromversorgung angeschlossen. Die seinerzeit bei Thyssen-Henschel gebaute 120 mußte deswegen zur Inbetriebsetzung nach München überführt werden.

Die 101 130 in der silbernen Lackierung für den Metropolitan

Die Inbetriebsetzung ist eine Überprüfung aller Funktionen der Lok nach einer detaillierten Prüfanweisung und die Erstellung eines etwa 250 Seiten starken Abnahmeprotokolls. Für die Inbetriebsetzung einer Lok ist eine spezielle Mannschaft eingesetzt, welche hierfür in der Regel zwei Wochen Zeit benötigt.
Fast immer werden nur wenige und auch einfach aufzuspürende Fehler gefunden, welche rasch behoben werden können. Die hohe, durch ISO 9001 zertifizierte Qualitätssicherung des Kasseler Werkes wird hier auf besondere Weise deutlich. Es kann aber auch schon einmal vorkommen, daß Fehler nicht so einfach erkannt werden, so daß der Fortgang der Arbeiten am raschesten erfolgt, wenn man ein ganzes Modul einfach austauscht. Einige Tage Zeitverlust sind gelegentlich schon einmal einzukalkulieren. Selbstverständlich beinhaltet die Inbetriebsetzung auch den Hochspannungsteil der Lok, so daß nach deren Abschluß die Lok fahrbereit ist und die Abnahmefahrt in die Wege geleitet werden kann.

Stichwort: Das Metropolitan-Paket für die 101

Das schon lange diskutierte Metropolitan-Projekt, eine Schnellverbindung zwischen Köln und Hamburg, ist aus vielerlei Gründen immer wieder verschoben worden. Zu Beginn des Jahres 1999 steht eine Realisierung zum Fahrplanwechsel des gleichen Jahres wohl endgültig bevor. Zugloks für die schnellen Züge mit speziellem Wagenmaterial werden vier Loks der Baureihe 101 sein, welche aber im Besitz des Bereiches Reisen & Touristik der DB verbleiben sollen.
Ausgewählt wurden die Lokomotiven 101 124 und 126 sowie 101 130 und 131. Alle vier Maschinen erhalten Modifikationen im Display für eine automatische Bremsprobe über den Zugbus. Als Besonderheit erhalten die Loks 130 und 131 eine Lackierung in Silber. Allerdings ist es durch ihre Bindung an die Metropolitan Expreß Train GmbH unwahrscheinlich, daß sie verbreitet über ganz Deutschland zu sehen sein werden. Die beiden silbernen Loks werden die Zugloks der Metropolitan-Züge sein, die beiden anderen als Reserve dienen.

Wir schreiben den 11. Dezember 1998: Die 101 126 fährt die ersten Meter mit eigener Kraft aus dem Werkstor bei Adtranz in Kassel. Wir begleiten sie auf ihrer Abnahmefahrt

Abnahmefahrt der 101 126

Nach Fertigstellung einer Lokomotive und deren abgeschlossener Inbetriebsetzung erfolgt vor der Übergabe an die Deutsche Bahn eine Abnahmefahrt, in deren Verlauf eine Vielzahl weiterer Prüfungen abschließend vorgenommen wird. Es versteht sich von selbst, daß gewisse Prüfungen nicht während der Inbetriebsetzung im Werk, sondern nur bei einer Fahrt der Lok, teilweise mit Höchstgeschwindigkeit, vorgenommen werden können. Nach einer beanstandungslos durchgeführten Abnahmefahrt wird die Lok unmittelbar dem Kunden übergeben. Ein Lokführer der DB bringt die Lok von Kassel danach über die Neubaustrecke nach Hamburg, wo diese nach der Ankunft ohne weitere Nacharbeiten in den Betriebsdienst geht.

Für den Autor eines Buches über die Baureihe 101 ist ein Besuch in den Werksanlagen der Herstellerfirma gleichermaßen wertvoll und unerläßlich wie die Teilnahme an solch einer Abnahmefahrt.

So soll in diesem Kapitel die Abnahme der neuen Lok 101 126 am 11. Dezember 1998 beschrieben werden. Diese Fahrt wird durchgeführt und verantwortet von einem Lokführer der DB, den für die Inbetriebsetzung verantwortlichen Mitarbeitern des Herstellers sowie meistens von einem Güteprüfer der DB. Für solche Fahrten stehen Adtranz drei ausgesuchte und besonders qualifizierte Lokführer des Geschäftsbereiches Reise & Touristik aus Kassel zur Verfügung, welche diese besonders interessante Tätigkeit gerne übernehmen.

High-Tech-Lokomotive und manuelle Sicherung des Bahnüberganges am Adtranz-Industriegleis

Spezieller Fahrplan

Wenige Tage vor einer beabsichtigten Fahrt wird bei der DB ein entsprechender Fahrplan unter Nennung des Versuchsleiters beantragt, wofür einfach ein bereits festgelegter Plan für diesen Tag aktiviert wird. Die vorgesehenen Fahrplantrassen sind so ausgewählt, daß auch durch häufige Bremsungen bis zum Stillstand und dadurch entstehende nicht genau vorhersehbare Verzögerungen andere Züge nicht gestört werden.

Die Fahrten der neuen 101 gehen von Kassel Rangierbahnhof mit einer Höchstgeschwindigkeit von 140 km/h über Guntershausen nach Bebra und von dort über die alte Nord-Süd-Strecke bis Fulda. Die Rückfahrt nach Kassel erfolgt mit der für die Lokomotive zulässigen Höchstgeschwindigkeit von 220 km/h über die Neubaustrecke und endet wieder in Kassel Rangierbahnhof. Insgesamt wird hierbei eine Fahrtstrecke von etwa 200 Kilometern zurückgelegt.

Am 11. Dezember stand die „Probefahrt" für die Lok 126 an, welche an diesem Tag, wie schon oft zuvor, Lokführer Jürgen Wiegand, ein ausgezeichneter Kenner seines Fachs, und die Adtranz Mitarbeiter Strohm und Möller durchführten. Außerdem waren Projektleiter Teich und der Autor dieses Buches interessierte Gäste bei der Fahrt. Ein Güteprüfer der DB war an diesem Tage nicht anwesend, was natürlich ein Vertrauensbeweis der DB für die Mitarbeiter von Adtranz ist. Das gelegentlich auch gebrauchte Wort Probefahrt ist sachlich natürlich nicht korrekt, denn an einer neuen Lokomotive, einen Tag vor ihrer Übergabe an den Betrieb, sollte es wirklich nichts mehr zu erproben geben.

Das Wetter nimmt auf Eisenbahnfotografen selten Rücksicht und Abnahmefahrten auf das Wetter schon gar nicht. So war der interessante Tag nicht mit einer gleichwertigen Ausbeute an wirklich guten Fotos verbunden, obwohl hierfür vor allem durch die Freundlichkeit des Lokführers beste Gelegenheiten bestanden hatten. Kurz vor 9 Uhr rollt die neue 126 aus der Inbetriebsetzungshalle und die Begegnung mit einer vollkommen neuen Lok nimmt in besonderer Weise gefangen. Fast scheut man sich, die

Lok mit schneefeuchten Schuhen zu besteigen oder das schmutzige Stativ auf den Boden des Führerstandes zu legen. Selbst die Sitze sind noch mit Folie überzogen, und manches erinnert an die feierliche Übernahme eines neuen Autos beim Händler.

Die Lok verläßt das Werksgelände in Schrittgeschwindigkeit aus eigener Kraft und kreuzt eine von einem Sicherheitsposten überwachte Straße. Ab Kassel Rangierbahnhof beginnt die von Lokführer Wiegand zuvor beim Fahrdienstleiter angemeldetete Fahrt als Lz 83531. Der Weg führt über das bahnsteiglose Gleis von Kassel-Wilhelmshöhe auf die Strecke nach Guntershausen.

Fast unbemerkt von den Mitfahrern haben die Leute ihre Arbeit begonnen, und sie handeln wie schon 125 mal zuvor routiniert nach einem vorgegebenen Prüfplan unter sorgfältiger Protokollierung aller Ergebnisse. Erste Prüfung, mehrmals ausgeführt, ist das Anlegen der Federspeicherbremse bei einer Geschwindigkeit von über 10 km/h, worauf die Lok erwartungsgemäß mit einer Zwangsbremsung, Sprachausgabe und Diagnosemeldung reagiert. „Federspeicherbremse, Federspeicherbremse" tönt es etwas nervig aus dem Lautsprecher.

Fast alle durchgeführten Prüfungen befassen sich mit Bremsen und Beschleunigen, wobei Zug- und Bremskräfte der einzelnen Motoren am Display beobachtet werden. Beim Bremsen werden die Bremswege aus verschiedenen Geschwindigkeiten sowohl mit der E-Bremse als auch mit der Luftbremse gemessen, wofür die Kilometertafeln als ausreichend genauer Maßstab herangezogen werden. Abweichungen von den Erwartungswerten werden in keinem Falle festgestellt.

Die Proben werden in den verschiedenen Bremsstellungen und mit einzeln sowie paarweise ausgekoppelten Antrieben ausgeführt. Das Auskoppeln der Antriebe kann nur bei ausgeschaltetem Hauptschalter erfolgen, auf einfachste Weise am Diagnosedisplay. Das Fahren nur mit einem Antrieb ist technisch zwar ohne weiteres möglich, jedoch nicht erlaubt, da dann ein versetztes Takten mehrerer Vierquadrantensteller nicht möglich und so das Einhalten maximaler Störströme nicht mehr gewährleistet ist.

Bei ausgekoppelten Antrieben bremst die Lok automatisch mit Luft. Bemerkenswert ist, daß die Lok mit der elektrischen Bremse grundsätzlich kürzere Bremswege erzielt als mit der pneumatischen Bremse. Dies liegt an deren Auslegung, welche auf mechanische und thermische Belange Rücksicht nimmt.

Es versteht sich fast von selbst, daß während dieser Fahrt auch Indusi und Sifa mehrmals bis zur Erlangung einer Zwangsbremsung erprobt werden. Bis Bebra, welches um 9.40 Uhr ohne Halt durchfahren wird, ist ein nennenswerter Teil der auf der alten Strecke durchzuführenden Prüfungen erledigt, und die Fahrt bis Fulda wird ruhiger und gibt eher Gelegenheit zu einigen Gesprächen. Fast immer, so wird berichtet, laufen die Abnahmefahrten so glatt wie an diesem Tag, es wird aber auch nicht verschwiegen, daß es schon einmal vorkommt, daß eine Fahrt ein zweites Mal durchgeführt werden muß. Sicherheit und Qualität stehen an oberster Stelle.

Nach Erreichen von Fulda um 10.40 Uhr wird die Lok nach Gleis 9 rangiert und dort unmittelbar neben dem Tunnelhilfszug abgestellt. Die gesamte Abnahmemannschaft einschließlich ihrer Begleiter hat ein Mittagessen in der Kantine verdient, welches zu weiteren Fragen gute Gelegenheit bietet.

Rückfahrt mit Höchstgeschwindigkeit

Die Rückfahrt über die Neubaustrecke nach Kassel beginnt als Lz 83532 um 11.55 Uhr und erlaubt nun die Wiederholung wichtiger Prüfungen bei der Höchstgeschwindigkeit der Lok von 220 km/h. Beschleunigung und Bremsvermögen sind über alle Maßen beeindruckend. Mehrmals wird innerhalb und außerhalb der Tunnels, bei unterschiedlichen Adhäsionsverhältnissen also, die Lok in 35 Sekunden auf

Lokführer Jürgen Wiegand ist einer jener Männer, die bei den Abnahmefahrten die ersten Kilometer mit den neuen 101ern zurücklegen

220 km/h beschleunigt. Dabei wird ein Oberstrom von bis zu 695 Ampère bzw. eine Zugkraft von 300 kN erreicht. Auch 32 Sekunden, unter Zuhilfenahme von etwas Sand, wurden schon erreicht, berichtet Lokführer Wiegand. Die bezogen auf das Lokgewicht installierte Leistung liegt durchaus im Bereich stark motorisierter Pkw, entsprechend fällt auch die Beschleunigung des Fahrzeuges aus. Auf der 101 fühlte man sich bei diesen Proben an ein startendes Verkehrsflugzeug erinnert.

Auf der Rückfahrt muß im Überholungsbahnhof Kirchheim gehalten werden. Dabei überholt unter anderem ein ICE die 101 126

Besonders interessant ist die gleichzeitige Beobachtung der Geschwindigkeiten der Radsätze im Diagnosedisplay. Nicht weniger eindrucksvoll ist eine Bremsung mit der elektrischen Bremse, welche aus 220 km/h einen Bremsweg von nur 1250 Meter ermöglicht. 350 Ampère werden hierbei in die Fahrleitung zurückgespeist, was einen sichtbaren Spannungsanstieg von etwa 300 Volt in der Fahrleitung bewirkt. Das Fahrleitungsnetz der DB ist im Regelfall so stark vernetzt, daß die beim Bremsen freigesetzte elektrische Energie zuverlässig aufgenommen werden kann. Die Schlupfregelung und der Gleitschutz wirken bei der 101 nach einigen anfänglichen Modifikationen wirklich optimal.

Während der Beschleunigungen und Bremsungen werden mehrmals die Umschaltpunkte zwischen niedriger und hoher Abbremsung genau registriert.

Bei den Einfahrten in die zahlreichen Tunnels der Strecke und einer Begegnung mit einem ICE (Differenzgeschwindigkeit 470 km/h) im Tunnel kann man sich auf dem Führerstand von der perfekten Wirksamkeit des Druckschutzes mehrmals überzeugen.

Im Überholungsbahnhof Kirchheim wird ein bereits in Fulda angemeldeter Halt eingelegt, und die Lok wird langsam in eine vom Stellwerk aus optimale Bildposition gefahren. Dies muß mit großer Vorsicht geschehen, denn ein Rückwärtsfahren, und seien es auch nur wenige

Stelldichein: Im Rangierbahnhof Kassel treffen sich am 11. Dezember 1998 die 101 125 vor ihrer Fahrt nach Hamburg zur Übernahme durch die DB und die 101 126, gerade zurück von der Abnahmefahrt

Meter, ist auf einer LZB-Strecke nicht möglich. Trotz schlechten Wetters gelingen von der neuen Lokomotive im Schnee einige Fotos, insbesondere während der Überholung durch mehrere Züge. Selbstverständlich werden auch Erinnerungsfotos von der gesamten Mannschaft gemacht.

Die restliche kurze Fahrt nach Kassel unterscheidet sich nach getaner Arbeit nur durch die höhere Geschwindigkeit von der eines Reisezuges. Sorgfältig werden die Fahreigenschaften und alle Geräusche der Lokomotive, auch im Maschinenraum, beobachtet und als einwandfrei begutachtet.

Auch zunächst trivial erscheinende Dinge, wie die Funktion von Scheibenwischer und Waschanlage, werden nochmals mit der gleichen Sorgfalt überprüft wie zuvor die Bremsen und Sicherheitseinrichtungen.

Wegen einer Langsamfahrstelle von 180 km/h bremst die LZB die Lok einmal kurz automa-

150 Jahre Lokomotiven aus Kassel – die 101er stehen in einer langen Traditionslinie

tisch ab, um sie dann sofort wieder auf 220 km/h zu beschleunigen. Langsamfahrstellen dieser Art sind auf LZB-Strecken übrigens nicht in der „La" verzeichnet.

Den Adtranz-Mitarbeitern war bekannt, daß gerade zum Zeitpunkt unserer Ankunft in Kassel Rangierbahnhof die 101 125 nach Hamburg überführt werden sollte, und so gelang es nach einigen Telefonaten mit dem Werk und danach mit dem Fahrdienstleiter, noch für wenige Sekunden ein Stelldichein der beiden Loks der Baureihe 101 genau nebeneinander für ein seltenes Foto zu arrangieren. Die Freundlichkeit aller an der Fahrt Beteiligten einem Buchautor gegenüber war wirklich herausragend, und so wird es mir zur Freude gereichen, wenn demnächst diese Menschen hier mein Kompliment lesen können.

Die Rückkehr der Lok auf das Werksgelände gleicht der morgendlichen Abfahrt genau, und unmittelbar nach der Ankunft wird die Maschine in die Inbetriebsetzungshalle gefahren. Für Lokführer Wiegand ist also nach Ende der Fahrt die Arbeit noch nicht getan. Nach dieser ersten Fahrt wird die Lokomotive einer äußerst gründlichen Inspektion unterzogen, insbesondere das gesamte Fahrwerk wird auf der Grube der Inbetriebsetzungshalle genauestens untersucht.

Nach Ausfertigung diverser Protokolle, Erledigung der üblichen Formalitäten und Anbringung des EBA-Kennzeichnungsschildes ist die neue Lokomotive fertig zur Übergabe an die DB. Begleitet wird sie von einem Konformitätsnachweis, einer Abnahmebescheinigung nach Paragraph 32 der EBO und dem Triebfahrzeugschein. Der Kilometerzähler im Diagnosedisplay zeigt gerade einmal 213 Kilometer an. Tags darauf wird die Lok, wie schon 125 andere vor ihr, abgeholt. Fast Alltag bei Adtranz in Kassel.

In Hamburg wird die Lok von der DB nochmals einer gründlichen Kontrolle unterzogen, mit allen nötigen Unterlagen, wie Fahrplänen und ähnlichem ausgestattet und häufig noch am gleichen Tag in den Dienst gestellt. An der Revisionsanschrift kann man das Datum der Inbetriebnahme ablesen.

Nicht unwichtig hinzuzufügen, daß mit dieser Übernahme auch die Bezahlung der Lokomotive fällig wird.

Stationierung, Einsätze und Bewährung der Baureihe 101

Der aufmerksame Leser hat bisher den Eindruck erhalten, daß Konstrukteuren und Herstellern der Baureihe 101 mit dieser Lok durchaus ein großer Wurf gelungen ist. Modernste technische Merkmale verbinden sich mit hoher Leistung und guter Verfügbarkeit bei einem äußerst attraktiven Preis. So ist von Seiten der DB auch viel Positives über die neue Lok zu hören. Sowohl dem Management als auch den Lokführern stellt sich das Projekt Baureihe 101 gleichermaßen als Erfolg dar.

Im ICE-Werk Hamburg-Eidelstedt

Ursprünglich war eine Stationierung der 101 in Frankfurt (Main) vorgesehen, von wo aus eine Zugbespannung ideal hätte verwirklicht werden können, unter der damaligen Voraussetzung eines Lokwechsels aller Züge in Frankfurt (Main). Der Beschluß, Frankfurt nur noch mit Wendezügen anzufahren einerseits, sowie die in Frankfurt zur Stationierung der 101 erforderlichen nennenswerten Investitionen andererseits, führten zu einer Überprüfung dieser Absicht und schließlich zu einer Stationierung der 101 im ICE-Werk in Hamburg-Eidelstedt (Neue Bezeichnung: Geschäftsbereich Reise & Touristik, Werk Hamburg). Die ICE-Züge der DB sollten ursprünglich mit 14 Mittelwagen fahren, so daß die Halle des eigens für diese Züge gebauten Betriebswerkes die hierfür erforderliche Länge aufweist. Im Gegensatz zur früheren Planung sind die ICE heute aber nur mit zwölf Mittelwagen ausgestattet, so daß in der Halle noch Platz für die Wartung weiterer Fahrzeuge vorhanden ist. So wurde schließlich die Stationierung aller 101 in Hamburg beschlossen, obwohl diese in vielerlei Hinsicht nicht optimal ist.

An den Enden der acht Hallengleise sind Stellplätze für die Loks durchaus vorhanden, eine gegenseitige Behinderung von ICE und 101 bei dem regen Verkehr in der Halle ist aber nicht abzustreiten. So kommt es zu Wartezeiten, unnötigen Rangierfahrten und weiten Wegen für das Personal. Auch ist der Zulauf der Loks zu einer Werkstatt in Randlage in Deutschland nicht so problemlos, wie er in Frankfurt (Main) hätte sein können. Vorteilhaft im Werk Hamburg ist die allseitige gute Zugänglichkeit der Loks, die einfach demontierbare Fahrleitung sowie die Ausstattung mit Kränen, so daß Ein-

Von der Anhöhe der Rheinbrücke kommt im September 1998 die 101 064 mit dem EC 109 in den Mannheimer Hbf hereingerollt

Im März 1998 hat die 101 031 am Kilometer 117,8 zwischen Erfurt und Gotha unterhalb der im Bau befindlichen Autobahnbrücke einen InterRegio von Chemnitz nach Düsseldorf am Haken

Ludwigshafen-Oggersheim im August 1998: Der EC 104 „Berner Oberland" durchfährt den Bahnhof auf seiner Reise von Interlaken nach Amsterdam. An der Spitze die 101 007

Die erste Serienlokomotive, die 101 004, legt sich bei Freiburg-Ebringen mit einem InterCity nach Basel in einen Gleisbogen

Die 101 100 hat am 29. Dezember 1998 einen IC-Wendezug von Nürnberg nach Frankfurt (Main) geschoben. Nun geht die Fahrt an der Zugspitze weiter nach Dortmund

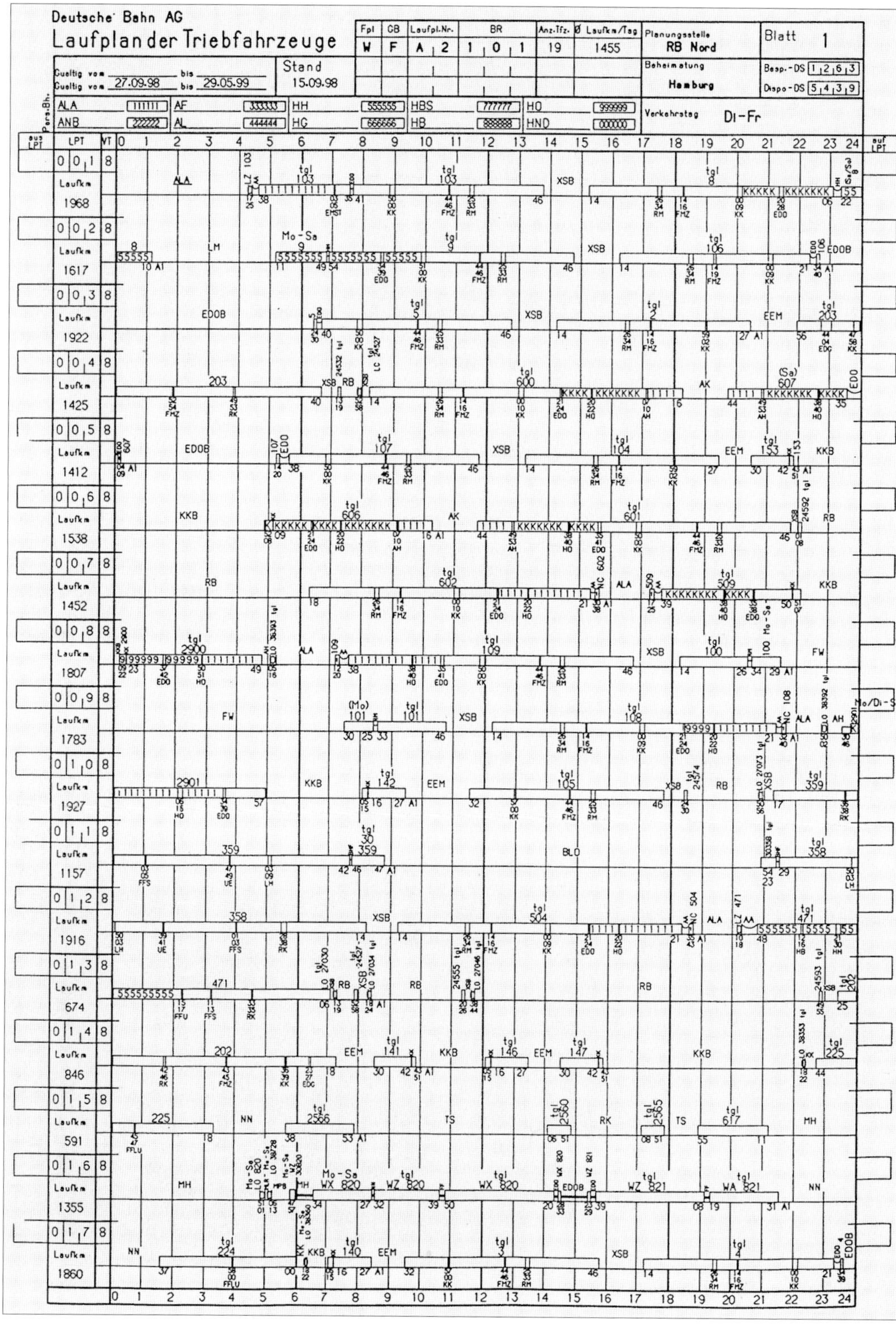
Deutsche Bahn AG
Laufplan der Triebfahrzeuge
Fpl W
GB F
Laufpl.-Nr. A 2
BR 1 0 1
Anz.-Tfz. 19
Ø Laufkm/Tag 1455
Planungsstelle RB Nord
Blatt 1
Gueltig vom 27.09.98 bis 29.05.99
Stand 15.09.98
Beheimatung Hamburg
Besp.-DS 1 2 6 3
Dispo-DS 5 4 3 9
Pers.-Bh.
ALA 111111
ANB 222222
AF 333333
AL 444444
HH 555555
HC 666666
HBS 777777
HB 888888
HO 999999
HND 000000
Verkehrstag Di-Fr
aus LPT
LPT
VT
auf LPT
0 0 1 8 Laufkm 1968
0 0 2 8 Laufkm 1617
0 0 3 8 Laufkm 1922
0 0 4 8 Laufkm 1425
0 0 5 8 Laufkm 1412
0 0 6 8 Laufkm 1538
0 0 7 8 Laufkm 1452
0 0 8 8 Laufkm 1807
0 0 9 8 Laufkm 1783
0 1 0 8 Laufkm 1927
0 1 1 8 Laufkm 1157
0 1 2 8 Laufkm 1916
0 1 3 8 Laufkm 674
0 1 4 8 Laufkm 846
0 1 5 8 Laufkm 591
0 1 6 8 Laufkm 1355
0 1 7 8 Laufkm 1860
0 1 2 3 4 5 6 7 8 9 10 11 12 13 14 15 16 17 18 19 20 21 22 23 24

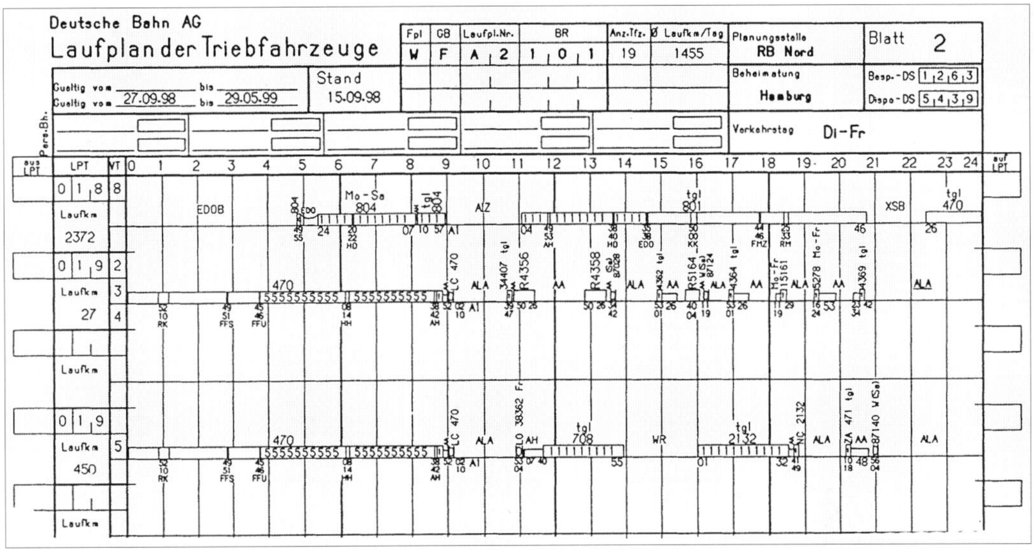

Der Laufplan A 2, Baureihe 101, 19 Tage, 1998/99:

ALA	**Hamburg-Langenfelde**	**AH**	**Hamburg Hbf**
LM	**Magdeburg**	**BLO**	**Berlin-Lichtenberg**
EDOB	**Dortmund Betriebs-Bf**	**TS**	**Stuttgart**
EEM	**Emmerich**	**NN**	**Nürnberg**
RB	**Basel Bad Bahnhof**	**RK**	**Karlsruhe**
XSB	**Basel SBB**	**MH**	**München**
AK	**Kiel**	**AIZ**	**Itzehohe**
KKB	**Köln Betriebsbahnhof**	**AA**	**Altona**
FW	**Wiesbaden**	**WR**	**Rostock**

Weitere Wendepunkte im Fahrplan 1998/99 sind: Bad Bentheim, Berchtesgaden, Berlin Ostbahnhof, Bremerhaven, Cottbus, Dresden, Emden, Erfurt, Freilassing, Hamm, Hannover, Köln, Leipzig, Münster, Norddeich Mole, Konstanz, Padborg, Passau, Seebrugg, Venlo und Weimar

und Ausbauten von Baugruppen durch das Dach einfach erfolgen können.

In Hamburg unterhält die Firma Adtranz im Werk Eidelstedt einen Customer Support mit einer Mannschaft von 15 Mitarbeitern, welche sich innerhalb der Gewährleistungszeit von zwei Jahren um Probleme ebenso wie um den zuverlässigen Betrieb der Loks kümmern.

Für den Antrieb beträgt die Gewährleistung sogar drei Jahre. Da Adtranz für die Baureihe 101 Generalunternehmer ist, fallen unter diese Gewährleistung auch Teile, welche selbst nicht von Adtranz stammen. Mit der DB besteht eine sehr gute und partnerschaftliche Zusammenarbeit, wie von beiden Seiten gleichermaßen zu hören ist.

Zur Fristarbeit kommen die Maschinen alle 100 000 km nach Hamburg, ebenso zur Nachschau, welche jedoch auch in sieben anderen Werken durchgeführt werden kann. Größere

Bei dieser 101 wird in Hamburg-Eidelstedt gerade eine Ultraschalluntersuchung im Inneren der hohlgebohrten Radsatzwelle durchgeführt

Die 101 019 mit einem InterCity nach Berlin im Hamburger Hauptbahnhof

Schäden werden derzeit noch in Kassel behoben, für Komponentenaufarbeitung ist das Werk Nürnberg zuständig.
Zur Reprofilierung der Räder im Rahmen der Fristarbeiten ist in Hamburg eine Unterflurdrehbank vorhanden. Für spezielle Arbeiten, z.B. am Funk oder der LZB, erteilt Adtranz Unteraufträge an die Deutsche Bahn.
Im Fahrplan 1998/99 wurde die Baureihe 101 von Hamburg-Eidelstedt aus in fünf Umlaufplänen eingesetzt und erreichte Ziele in ganz Deutschland. Es existierten zwei Pläne mit je 23 Tagen und je ein Plan mit 19, 18 und 13 Tagen. Ein repräsentativer Plan ist für die Tage Dienstag bis Freitag abgebildet.
Gefahren wird die Lok überwiegend von den Lokführern des Bereiches Reise & Touristik, wo von dessen 3000 Lokführern etwa die Hälfte für die 101 ausgebildet ist. Selbstverständlich werden in Kürze alle diese Lokführer auf der 101 ausgebildet sein. Auch Lokführer der Bereiche Nahverkehr und Cargo haben teilweise eine

Die 101 086 neben der 145 002 – der Vergleich zeigt die etwas anders geformte Kopfpartie

Ausbildung für die Baureihe 101, um jederzeit Aushilfe leisten zu können, aber auch um die unterschiedlichen Arbeitsbelastungen zwischen Fernverkehr mit viel Wochenenddienst und Cargo mit besonders viel Nachtdienst ausgleichen zu können.
Auch nach der Umbeheimatung der 120 nach München werden die 101 längerfristig in Hamburg stationiert bleiben. Ziel der DB ist es, alle Lokomotiven des Fernverkehrs auch in eigenen Werken zu konzentrieren.

Ersatz der 103

Wie in der Konzeption vorgesehen, wird die 101 nach vollständiger Auslieferung die 103 weitgehend ersetzen. An dieser Baureihe werden seit Frühjahr 1997 keine Revisionen mehr ausgeführt, so daß sich deren Bestand hierdurch automatisch verringert.
Für die Expo 2000 werden noch etwa 90 Loks zur Verfügung stehen, danach wird der Bestand rasch abnehmen. Die letzten Loks errei-

Universallok 101: Die 101 074 passiert im August 1998 mit dem IRC 53607 das stillgelegte Stellwerk 5 in Heidelberg Rbf

Dieses Bild bietet sich einfahrenden Lokführern in Frankfurt (Main) Hbf stets: Unter dem Zentralstellwerk wartet eine 101

Mit dem D 353 aus Wagen der Tschechischen Staatsbahn ist die 101 051 am 28. November 1998 in Köln Hbf eingelaufen

chen die Revisionsfrist im Jahr 2004. Inzwischen gibt es in dieser Baureihe Lokomotiven, welche Fahrleistungen von 13 Millionen Kilometer erreicht haben. Trotz aufgetretener Probleme war die 103 eine sehr erfolgreiche Lokomotive, welche überwiegend von ihren Konstruktionsvorgaben stark abweichend eingesetzt wurde. Sollten für die DB entgegen derzeitigen Planungen doch nochmals elektrische Schnellzuglokomotiven für 200 km/h beschafft werden, dann werden dies allenfalls Mehrsystemloks sein, denn Nachbarbahnen, wie in Polen, Dänemark oder Italien, beschaffen derzeit solche Lokomotiven und könnten so auf die DB einen entsprechenden Zwang ausüben. Ein Ergebnis solcher Zukunftsüberlegungen ist aber derzeit noch nicht abzusehen.

Der planmäßige Einsatz der 101 begann zum Sommerfahrplan 1997 mit einem zunächst 10tägigen Plan. Weitere kleine Pläne, welche anfänglich gemischt mit der 103 gefahren wurden, kamen mit fortschreitender Personalschulung hinzu. Nach Zulauf neuer Loks kamen dann mehr und mehr Maschinen in diese Pläne hinein. Ab Herbst 1997 existierte bereits ein 21tägiger Auffangplan für neu abgelieferte lokomotiven. Inzwischen ist die 101 bundesweit im Einsatz, und ein Blick in den Umlaufplan auf den Seiten 126/127 zeigt beachtliche Leistungen. Immerhin entspricht einer durchschnittlichen Fahrleistung von 1455 km pro Tag in diesem Plan eine ununterbrochene Geschwindigkeit von 60,6 km/h, welche an einzelnen Tagen theoretisch sogar über 83 km/h beträgt.

Wie bei fast jedem technischen Gerät gab es auch bei der Baureihe 101 anfängliche Probleme und die Notwendigkeit zur Nachbesserung. Verglichen allerdings mit anderen neuen und alten Fahrzeugen der DB verlief der Betrieb der 101 bisher ausgesprochen gut.

Eine systematische Fortentwicklung der Baureihe 120 und die Komponentenerprobung insbesondere in der 120 004 halfen von Anbeginn, deren Probleme zu vermeiden. Glücklicherweise ist auch die Baureihe 101 bisher, von bahntypischen Zwischenfällen abgesehen, von schweren Unfällen verschont geblieben, so daß dieses Buch nicht mit Katastrophenfotos aufwarten kann.

Aufgetretene Störungen des Rangierfunks konnten rasch erkannt und durch zusätzliche Abschirmungen im Bereich des Trafos und der Gate Units behoben werden. Eine Zulassung für die Strecken der ÖBB hat die 101 allerdings noch nicht erhalten, da zur Verminderung von Störströmen weitere Maßnahmen erforderlich sind.

Störungen durch den Einsatz der 101 treten in Österreich an Steuerungen für Bahnübergänge auf und erfordern den Einbau eines speziellen Störstromfilters. Bei einem Bedarf von 22 Loks für Einsätze auf den Strecken der ÖBB sollen insgesamt 30 Loks hierfür hergerichtet und nach neuen Meßfahrten im März 1999 zugelassen werden. Die Kosten für diese Nachrüstung trägt die Bahn.

Des weiteren gaben die Drehzahlgeber an den Fahrmotoren, welche den auftretenden Kräften nur ungenügend gewachsen waren, Anlaß zu Nachbesserungen. Auch die speziellen Schleifleisten der Stromabnehmer arbeiteten zu Beginn nicht störungsfrei, so daß durch deren Undichtigkeiten häufig irrtümlich ein Schleifleistenbruch vorgetäuscht wurde.

Mehr ein Problem der Koordination als ein technisches Problem ist die Tat-

Spezielle Bühnen erleichtern in Eidelstedt die Arbeit. Die Fahrleitung als Gitterkonstruktion kann weggeschwenkt werden

Die 101 061 kommt am 12. August 1998 von Köln-Deutz über den Rhein und stellt den D 1816 nach Eindhoven bereit

Fast symbolisch: Bei Schwetzingen kommt am 11. Juni 1998 die 101 081 vor der 103 159 mit dem Ersatzzug 11077 heran

Auf der Schwarzwaldbahn kommt die 101 096 mit dem InterRegio 2476 Konstanz – Hannover am 24. Juli 1998 aus dem Tannenwaldtunnel herabgefahren

Mit dem EC 2 „Rembrandt“ Chur – Amsterdam passiert eine 101 gute Weinlagen bei Nierstein

Die 101 044 mit einem InterCity im Hauptbahnhof von Essen ...

... und am 22. April 1998 bei Ladenburg auf der Main-Neckar-Bahn vor dem InterRegio 2101, der zusätzlich einen IC-Steuerwagen an der Spitze mitführt

Die 101 027 mit dem InterRegio 2476 am 1. November 1997 in Geisingen an der Schwarzwaldbahn

Auch Dienst vor StadtExpreß-Zügen war im Jahresfahrplan 98/99 an der Tagesordnung: SE 15448 bei der Einfahrt in Titisee

Die 101 017 am 21. Mai 1998 bei Ladenburg mit einem Fußballfan-Sonderzug nach Italien

sache, daß die LZB der 101 derzeit für den CIR ELKE-Betrieb auf der Strecke Offenburg – Basel nicht uneingeschränkt geeignet ist und ein Acht-Bit-Rechner durch einen 16-Bit-Rechner ersetzt werden muß. Zunächst sollen 30 Loks umgerüstet werden, später dann alle. Man kann die Lok durchaus auf der genannten Strecke einsetzen, allerdings fehlen dann teilweise Informationen, welche durch die LZB übertragen werden. Einige Loks werden in diesem Zusammenhang als Erprobungsträger für die neue Funk-LZB hergerichtet.

Schwierigkeiten bereitete in der Anfangsphase das Zusammenwirken der Lok mit dem Steuerwagen, weil man die Erprobungsfahrten nur mit kurzen Zügen mit wenig Mittelwagen durchgeführt hat. Bei Zügen mit voller Länge traten dann Probleme bei der Signalübertragung vom Steuerwagen auf. Außerdem fehlen auf den Steuerwagen die Diagnosedisplays, was im Zusammenwirken mit einer rechnergesteuerten Lok zu Problemen führen kann. Auswirkungen hatten diese Besonderheiten vor allem auf der Schwarzwaldbahn, wo es schon einmal vorkam, daß der Lokführer anhalten und vom Steuerwagen zur schiebenden Lok und wieder zurück marschieren mußte, um

Der IC 804 Berlin – München überquert am 1. Februar 1998 die Trogenbachbrücke in Ludwigsstadt im Verlaufe der Frankenwaldbahn. An der Spitze eine 101

Am 7. Juni 1997 durchfährt der IC 803 Berlin-Spandau in Richtung Bahnhof Zoologischer Garten. Zuglok ist an diesem Tag die 101 006

Das gibt es nur in Hamburg-Eidelstedt: Der Blick aus dem Führerstand eines ICE-Triebkopfes in das ICE-Betriebswerk mit der 101 115 vis à vis

eine Traktionssperre aufzuheben oder einen Antrieb wieder einzugruppieren. Offensichtlich verlief auch die Ausbildung des Personals für das Zusammenwirken von Steuerwagen und Lok nicht immer optimal, so daß Hektik und mangelnde Übung bei der Fehlersuche mehrmals Zugverspätungen verursachten.

Die von Lokführern bemängelte Konstruktion der Führerstandsfenster wurde bereits verbessert. Bisher als nachteilig verblieben ist die Tatsache, daß die Lok auf dem Führerstand allgemein als relativ laut empfunden wird. Hierbei muß man aber berücksichtigen, daß sie allemal leiser ist als mancher ICE-Mittelwagen nach dem Tausch der Räder.

Eine Bauartänderung, welche allerdings nicht der 101 und ihren Konstrukteuren anzulasten ist, steht den Loks bevor. Die räumlichen Verhältnisse in Hamburg-Eidelstedt erlauben keinen Batteriewechsel innerhalb der Werkstatt, so daß die Loks hierfür ins Freie gefahren werden müssen. Diesem unzweckmäßigen Zustand soll Abhilfe geschaffen werden durch eine Änderung des ausfahrbaren Batteriekastens derart, daß diese Arbeiten künftig in der Halle möglich sind. Auch diese Änderung ist von der Bahn zu bezahlen. Die Lokomotiven der Baureihe 101 erreichen die geforderte Verfügbarkeit von 97 Prozent ebenso wie die störungsfreie Fahrleistung von 500 000 km. Für die Adtranz auferlegten Pönalen gab es bisher keine Veranlassung.

Das Urteil der Deutschen Bahn bestätigt, von einigen Anlaufschwierigkeiten abgesehen, dem gesamten Projekt einen guten Erfolg.

Die besondere Leistungsfähigkeit der 101 wird durch Berichte von Lokführern unterstrichen, welche IC-Züge von Basel nach Mannheim mit nur einem arbeitenden Drehgestell gefahren haben, wobei die Verspätung so gering war, daß die Weiterfahrt in Mannheim nach Norden noch pünktlich erfolgen konnte.

Mit dem ADtranz-Logo war die 460 016 der SBB als Reklameträger unterwegs

Vergleich mit ähnlichen modernen Lokomotiven

Da den Baureihen 152 und 145/185 gleichartige Bücher des GeraMond Verlages gewidmet werden sollen, kann hier ein Vergleich mit diesen ebenso fortschrittlichen, aber auch andersartigen Lokomotiven unterbleiben.
Dieses Kapitel beschränkt sich daher auf einen kurzen Vergleich der 101 mit ähnlichen schnellfahrenden elektrischen Lokomotiven der obersten Leistungsklasse aus unseren Nachbarländern. Hierbei wird bewußt nur auf wenige Typen mit einer Energieversorgung von 15 kV und 16,7 Hz eingegangen.

Lok 2000 der Schweiz

Die Schweizer Lok 2000 existiert in zwei Varianten, welche sich äußerlich im wesentlichen durch die Farbe, in der Technik nur in Details, in diesen aber sehr deutlich, unterscheiden. Dennoch sind diese Lokomotiven am ehesten bezüglich ihrer Leistung und vieler technischer Einzelheiten mit der 101 zu vergleichen.
119 Lokomotiven der Baureihe 460 und 18 der Baureihe 465 tun in der Schweiz überaus erfolgreich ihren Dienst. Ähnlichkeiten im elek-

trischen Teil sind durch die gemeinsame Herkunft aus dem Hause Adtranz, früher ABB, naheliegend, die größeren Unterschiede liegen im mechanischen Teil, für welchen die traditionsreiche, heute in ursprünglicher Form nicht mehr existierende Schweizer Lokomotiv- und Maschinenfabrik (SLM) verantwortlich war. Die maximale Leistung der 460 beträgt 6,1 MW, die Dauerleistung 4,8 MW, die maximale Zugkraft 275 kN, die Höchstgeschwindigkeit 230 km/h. Die maximale Leistung der 465 erreicht sogar 7,0 MW, die Dauerleistung 6,2 MW. Die Unterschiede im mechanischen Teil zur 101 weisen beide Varianten der Lok 2000 in gleicher Art auf. Die Drehgestelle sind zur besseren Fahrt durch die zahlreichen Krümmungen mit radial einstellbaren Radsätzen ausgerüstet. Hierzu sind die Radsatzlenker, welche an den Radsatzlagern angreifen, in Drehgestellmitte mit kurzen Hebelarmen über einen Drehpunkt geführt, so daß diese bei Einfahrt in einen Bogen auf einer Seite voneinander entfernt und auf der anderen Seite einander angenähert werden. Auf den beiden Drehgestellseiten erfolgt diese Auslenkung grundsätzlich gegenläufig. Hierdurch erfolgt die radiale Einstellung der Radsätze. Ein starker Torsionsstab sorgt für das zur guten Fahrt in der Geraden notwendige Rückstellmoment.

Als weiterer wichtiger Unterschied zur 101 ist die Lok 2000 für Schnellbremsungen mit einer Magnetschienenbremse ausgerüstet, welche aber im unteren Geschwindigkeitsbereich automatisch abgeschaltet wird. Diese Magnetschienenbremse arbeitet im Gegensatz zu anderen Konstruktionen mit mehreren Permanentmagneten aus einer Neodym-Eisen-Bor-Legierung. Gleichzeitig dient sie als unerschöpfliche Feststellbremse.

Im Gegensatz zur 101 haben die Loks keine Scheibenbremsen, sondern sind mit einseitigen Klotzbremsen ausgerüstet, deren Anordnung es erlaubt, der radialen Einstellung der Radsätze zu folgen.

Augenfällig ist die Verschiedenartigkeit der Frontscheibe, welche bei der Lok 2000 im Gegensatz zur 101 nicht geteilt ist. Das Aussehen wird hierdurch ganz wesentlich beeinflußt. Wie bei der 120 004 erprobt, hat die Lok 2000 einen Raddurchmesser von nur 1100 mm. Der Lokkasten hat gesickte Seitenwände, das hochgezogene Dach verkleidet den nicht angelegten Stromabnehmer sowie weitere Dachausrüstungen. Die Länge über Puffer ist mit 17 600 mm um 1400 mm geringer als bei der 101, das Gewicht mit 81 t um drei Tonnen niedriger.

Im elektrischen Teil unterscheidet sich die 460 von der 101 durch den gemeinsamen elektrischen Antrieb beider Radsätze eines Drehgestelles mittels eines gemeinsamen Netzstromrichters und eines Antriebsstromrichters.

Bei der jüngeren und mit 7 MW noch leistungsfähigeren Baureihe 465 ist man mit elektrischem Einzelachsantrieb den gleichen Weg gegangen wie bei der 101. Bei Ausfall eines Stromrichters bleiben also bei der 465 wie bei der 101 noch 75 Prozent der Leistung erhalten, verglichen mit nur 50 Prozent bei der 460. Aufgebaut sind die Stromrichter beider Typen mit GTO-Thyristoren. Eine bisher einzigartige Lösung zur Einsparung von Energie weist die 465 auf. Bei nur geringer Leistungsanforderung wird automatisch ein Drehgestell mit Hilfsbetrieben abgeschaltet. Aus einem stand-by-Zustand steht dessen Leistung bei höherer Anforderung sofort wieder zur Verfügung.

Völlig unterschiedlich zu neueren deutschen Loks sind die Führerstände der 460 und 465. Ähnlich einem Piloten sitzt der Lokführer, wie in der Schweiz üblich, links, völlig von Bedienungs- und Anzeigegeräten umgeben und kann sich im Führerstand nicht in gleichem Maße wie auf anderen Loks bewegen. Eine ausschwenkbare Konsole rechts von seinem Sitzplatz enthält die Bedienungsorgane für Geschwindigkeits- und Zugkraftvorgabe. Beim Ausschwenken dieser Konsole über ein bestimmtes Maß hinaus wird automatisch eine Zwangsbremsung ausgelöst.

Ein kleiner, aber bemerkenswerter Unterschied der 460 zu anderen Loks ist die reichlich ungewöhnliche, mit der Seriennummer 000 beginnende Numerierung, so daß bei 119 vorhandenen Loks die höchste Nummer 118 ist.

Bei der 465 ist man von diesem Unsinn wieder abgekommen und hat die Loks sinnfällig mit 001 beginnend numeriert. Zudem sind bei dieser Lok zur Freude von Liebhabern und Fotografen die Nummern mit großen asymmetrisch angeordneten Ziffern an den Frontseiten angeschrieben. Das ist nicht nur praktisch, sondern sieht auch gut aus.
Augenfälligster Unterschied der Lok 2000 zur deutschen 101 ist aber einfach ihre in höchstem Maße gelungene äußere Form mit SBB-Signet und der symbolischen Zahl 2000 auf der Frontseite. Die Tatsache, daß fast alle Loks einen Namen tragen, zeigt die Verbundenheit der Schweizer mit ihrer Bahn.
Jeder Eisenbahnkenner weiß, daß eine Vielzahl der Loks 460 als Werbeträger herangezogen sind. Einige davon sind sehr ansprechend gelungen und bereiten Freude bei Begegnungen. Die BLS als Betreiber der 465 hat auf diese Zusatzeinnahme bisher verzichtet.

Die österreichischen 1012 und 1016

Der Einzug der Drehstromtechnik bei Streckenlokomotiven hat in Österreich gleichermaßen lange auf sich warten lassen, wie die Entwicklung einer schnellfahrenden Hochleistungslokomotive als Nachfolgerin für die bewährte 1044. Auch in Österreich ist eine Vielzahl überalterter Lokomotiven dringend zu ersetzen und die Beschaffung neuer Lokomotiven ein Gebot der Zeit. Es soll an dieser Stelle nur auf die der Baureihe 101 vergleichbaren Loks 1012 und 1016 und die verschlungenen Pfade ihrer Beschaffung kurz eingegangen werden.
Geliefert von einer Arbeitsgemeinschaft aus den Firmen Adtranz, Siemens Österreich, ELIN und Simmering-Graz-Pauker wurde 1996 die neue Baureihe 1012 in drei Exemplaren in den Dienst gestellt. Es ist eine 230 km/h schnelle Universallok mit einer Leistung von 6,4 MW, einer Anfahrzugkraft von 280 kN und einer Länge über Puffer von 19 300 mm bei einem Gewicht von 82,3 Tonnen. Zur 101 bestehen einige Ähnlichkeiten, beispielsweise sind Antriebe und Drehgestelle praktisch gleich. Dennoch bestehen Unterschiede, welche auch in den verschiedenen Philosophien der Bahngesellschaften begründet sind. So haben die Loks nur eine, in Fahrtrichtung links angeordnete Tür, welche zudem nicht direkt in den Führerstand, sondern in den Maschinenraum führt. Die Seitenwände bestehen, wie bei der 1044 und der Lok 2000 auch, aus gesicktem Blech, die Führerhäuser sind aus glasfaserverstärktem Kunststoff hergestellt. Auch in der gelungenen Formgebung und in der ungeteilten Frontscheibe unterscheidet sich die Lok erheblich von der 101. Hätte sie nicht die reichlich auffällige und wenig harmonische Farbgebung, so könnte diese Lok durchaus eine Schönheit sein.
Besonderheiten des elektrischen Teils sind Drehgestellantrieb mit jeweils drei Vierquadrantenstellern, einem Zwischenkreis und zwei Pulswechselrichtern. Der Transformator wird mit Öl, die Antriebsstromrichter werden bemerkenswerterweise mit Wasser unter Zusatz von Frostschutzmittel gekühlt. Öl- und Wasser-Rückkühler sind trotz der verschiedenen Medien wie bei der 101 kombiniert.
Je ein Zugsteuergerät ist auf den Führerständen untergebracht, wobei das auf dem nicht besetzten Führerstand das andere im stand-by-Betrieb überwacht und bei dessen Ausfall ersetzen kann. Die Hilfsbetriebeumrichter sind mit zweimal 100 Prozent Leistung vorhanden, so daß bei Ausfall eines Gerätes eine volle Reserve zur Verfügung steht. Allerdings ist es bei der Beschaffung der drei Prototypen dieser interessanten Universallok 1012 geblieben, da diese Lok als Produkt einer Vielzahl von Herstellern einfach zu teuer war.
Nach einem harten Preiskampf erhielt Siemens Österreich mit äußerst knappem Vorsprung vor dem Mitbewerber Adtranz, welcher eine der Baureihe 101 weitgehend entsprechende Lok angeboten hatte, den Auftrag zum Bau von 75 neuen Universallokomotiven der Baureihen 1016, respektive 1116, mit einer Dauerleistung

Hauptbahnhof Zürich: Das Bild erlaubt den Vergleich zwischen der roten SBB-460 und der blauen BLS-465

von 6,4 MW und wiederum einer Höchstgeschwindigkeit von 230 km/h. Es besteht darüber hinaus eine Option für weitere 325 Exemplare, so daß ein späterer Einsatz dieser Loks vor allem im Güterverkehr vorhersehbar ist, denn so viele schnellfahrende Lokomotiven werden in Österreich auch in Zukunft nicht benötigt. Man setzt in unserem Nachbarland also eindeutig auf die Universallokomotive und nimmt so eine Überqualifikation für bestimmte Traktionsaufgaben wie in der Schweiz in Kauf.

Die Lokomotiven sollen den Namen Taurus, von lateinisch „Stier“, erhalten und im einheitlich roten Anstrich erscheinen. 25 Stück der Lokomotiven werden als Baureihe 1116 als Zweifrequenzlokomotiven mit Ausrüstung für 25 kV, 50 Hz ausgestattet sein und können somit zusätzlich auch in den östlichen Nachbarländern Österreichs eingesetzt werden.

Unterschiedlich zur 101 wird der Radsatzstand im Drehgestell 3000 mm und der Raddurchmesser nur 1150 mm betragen, letzterer ähnlich der 120 004. Die neuen Loks stehen in einer Entwicklungslinie mit dem Eurosprinter und der Baureihe 152 der DB, und für den mechanischen Teil wird auch hier Krauss-Maffei Partner von Siemens sein. Ihre Leistung wird 6,4 MW, die Anfahrzugkraft wie bei der 101 300 kN betragen, bei einem Gewicht von 86 t. Daß die Lok dem Schweizer Umgrenzungsprofil entsprechen wird, ist bei der Nachbarschaft beider Länder selbstverständlich.

Bemerkenswert ist das aus der Baureihe 152 der DB hergeleitete Drehgestell mit Kraftübertragung durch einen Drehzapfen. Um die Höchstgeschwindigkeit von 230 km/h zu realisieren, mußte hier der Tatzlagerantrieb der 152 durch einen vollabgefederten Hohlwellenantrieb ersetzt werden.

Anstelle der Radscheibenbremsen der 152 wird die Lok Scheibenbremsen auf einer besonderen Bremswelle erhalten. Eine radiale Einstellung der Radsätze ist nicht vorgesehen. Die Drehgestelle sind eine Gemeinschaftsentwicklung von Krauss-Maffei für Konstruktion und Simmering-Graz-Pauker für die Fertigung. Das Drehgestell ist zur Zeit der Abfassung dieses Buches im Eurosprinter zur Erprobung eingebaut.

Sehr ähnlich den drei Loks der Reihe 1012 wird der Einzelradsatzantrieb mit drei Vierquadrantenstellern und zwei Pulswechselrichtern je

Die 1012 001-2 der ÖBB. Nur ein Einstieg ist je Seite vorhanden, welcher in den Maschinenraum führt

Drehgestell aufgebaut sein. Die Stromrichter sind wassergekühlt. Mit 19 280 mm Länge über Puffer wird die Lok kürzer als die 152 ausfallen müssen, da auf spezielle Gegebenheiten der ÖBB-Hauptwerkstätte in Linz Rücksicht zu nehmen war.

Ab Mitte 1999 sollen die ersten Loks für Erprobungen zur Verfügung stehen, eine Serienlieferung ist ab dem Jahr 2000 zu erwarten. Der Kampf um heimische Arbeitsplätze drückt sich in der Tatsache aus, daß die Endmontage sowie die Fertigung einzelner Teile der Loks durch Personal der ÖBB in der Hauptwerkstätte in Linz durchgeführt werden. Dieser Anteil an der Wertschöpfung soll etwa zehn Prozent betragen. Obwohl sich das Design der neuen ÖBB-Loks deutlich an die DB-Familie anlehnt, scheint hier, soweit Abbildungen bekannt geworden sind, eine wesentlich harmonischere Formgebung gelungen zu sein, und so könnten sich die neuen Loks durchaus in die Tradition der schönen 1044 einreihen.

Der der Bestellung vorausgegangene Preiskampf drückt sich in dem sehr günstigen Preis dieser Lokomotive von nur 5 Mio. DM pro Stück aus, also ca. 15 Prozent weniger als der einer 101. Ob der Geschäftsbereich Verkehrstechnik der Siemens AG mit diesem Auftrag seinen hohen Fehlbetrag beseitigen kann, darf in Frage gestellt werden. Während der Niederschrift wurde allerdings bekannt, daß die Optionen für jeweils weitere 25 Exemplare der 1016 und 1116 in Bestellungen umgewandelt wurde.

Modellstudie der österreichischen 1116 001-7

Die 101 im Modell

Roco hat die 101 001-6 sowohl in H0 als auch in N im Angebot

Am 1. Juli 1996 erfolgte in Kassel in den Werkhallen von Adtranz/Henschel der „Roll out" des Prototyps 101 001-6, einer neuen Universal-Ellok der „ECO-2000"-Generation für die Deutsche Bahn AG. Einem solch modernen Vorbild konnte die Modellbahn-Industrie nicht widerstehen. So wundert es wenig, daß nur kurze Zeit nach dem „Roll out" des Prototyps den Modellbahnern ein in der Zwischenzeit ständig breiter werdendes Sortiment dieser Lokgattung in den Spurgrößen H0, N und Z zur Verfügung steht.

Beim Wettrennen der Modellbahnfirmen um die schnellste Realisation eines 101-Modells war auch dieses Mal Roco wieder der erste Sieger. Schon auf der Spielwaren-Messe im Februar 1996 in Nürnberg, also deutlich vor dem ersten öffentlichen Auftritt der Vorbild-Lok, wurde von Roco ein durchaus ansehnliches H0-„Exclusive"-Muster des „Roten Renner"-Prototyps der 101 001-6 präsentiert. Gleichzeitig avisierte Roco ein Modell für die Spur N. Das H0-Modell war dann ungewöhnlich schnell, nämlich bereits im Oktober 1996, und das N-Modell ab November 1996 im Fachhandel erhältlich.

Fleischmann, Märklin und Trix ließen sich mit der Entwicklung ein Jahr mehr Zeit und zogen mit Ankündigungen entsprechender H0-, N- und Z-Modelle erst auf der Spielwaren-Messe 1997 nach.

Ab Herbst 1997 begannen dann die Modell-Auslieferungen dieser Hersteller an den Fachhandel. Außerdem ergänzte Roco 1997 das H0- und N-Sortiment durch Nachbildungen der im Serien-Farb-Look in Dienst gestellten Vorbild-Lok 101 004-0. Ferner erschienen 1997 und 1998 bei Märklin und Trix im Jahresabstand auch Sondermodelle für die Spuren H0, N und Z mit „Werbe"-Lackierungen. Schließlich wollen

1999 Märklin, Roco und Trix weitere Farb- und Beschriftungsvarianten auf die Schienen der H0-Modellbahner stellen, und Tillig wird sogar ein TT-Modell der 101 003-2 auf den Markt bringen. Für die Liebhaber der größeren Spurweiten 0 und 1 hatte bisher auf der Spielwaren-Messe Nürnberg 1998 einzig der Kleinserien-Hersteller Lemaco Modelle im Neuheiten-Prospekt avisiert.
Nachfolgend seien die zur Zeit im Fachhandel verfügbaren Ellok-Modelle der Baureihe 101 von Fleischmann, Märklin, Trix und Roco gegenübergestellt. Der interessierte Leser findet in der Tabelle auf Seite 152 einen systematischen Überblick über das gesamte 101-Sortiment für die Spuren H0, N, TT und Z einschließlich der Neuankündigungen 1999.

Farbgebung bei den H0-, N- und Z-Modellen

Vorab sei erwähnt, daß beim Vorbild zwei unterschiedliche ok-Lackierungen existieren. So wiesen bei der Indienststellung die Lokkästen des Prototyps 101 001-6 einschließlich der beiden nachfolgenden 101 002-4 und 101 003-2 eine orientrote Farbgebung (RAL 3031) mit abgesetzter quarzgrauer Farbe (RAL 7039) für Dächer einschließlich Lüftungsgittern, Schürzen und Blenden auf.
Ab der Serien-Lok 101 004-0 sind dann die Vorbildmaschinen durchgängig mit verkehrsroter Farbe (RAL 3020) an den Lokkästen und basaltgrauer Lackierung (RAL 7012) für die Dächer, Lüftergitter, Schürzen und Blenden versehen worden.
Außerdem dient seit 1998 die 101 001-6 als gemeinsamer Werbeträger für die Musical-Promotion-Firma „Stella" und Märklin und fällt durch mit Motiven des Musicals „Starlight Express" bedruckte Farbfolien aus dem Erscheinungsbild der Baureihe 101 heraus.
All diese bei den DB-Lokomotiven zu Anfang des Jahres 1999 vorkommenden Farbgebungen hat die Modellbahn-Industrie vorbildgerecht berücksichtigt.

Die H0-Modelle

Nachfolgend werden für die H0-Modelle die charakteristischen und aus der jeweiligen Konstruktions-Philosophie resultierenden Bauweisen und Ausstattungen der Lok-Gehäuse der vier Hersteller abgehandelt.
Fleischmann hat sich an der 101 005-7 orientiert. Typisch für dieses Modell ist die Kunststoffgehäuse-Bauweise mit der präzisen und gefälligen Serien-Lackierung in den Farben verkehrsrot/basaltgrau. Neben der Standard-Ausführung für 2-Leiter-Gleichstrom gibt es mit der Lok-Nummer 101 006-5 auch noch eine Variante für den FMZ-Betrieb.
Fleischmann fertigt das Lokgehäuse in hervorragender Detaillierung. Die Gravierungen am Lokkasten und speziell an den Türbereichen sind sehr sauber ausgeführt. Silberfarbige Griffstangen an den Führerhaus-Aufstiegen sind mit ihren Befestigungsflanschen angespritzt, die Türklinken schön nachgebildet und die Aufstiegstreppen an den Führerständen bis unter die Längsträger geführt und sogar separat eingesetzt. Die Fenster mit Rahmen sind bündig eingepaßt, die Führerstände eingerichtet sowie Stand 1 mit einem Lokführer besetzt. An der Frontschürze sind freistehende Rangierertritte vorhanden, und selbst die Tritte auf den Puffern hat man erstaunlicherweise durchbrochen ausgeführt. Ferner weisen sogar die Pufferteller den typischen Anstrich auf.
Die Dachaufbauten sind mit richtig dimensionierten Überspannungsableitern und Hochspannungsdurchführungen einschließlich deren Isolatoren, Leitungen, Bahnfunk-Antennen ausgerüstet und auch die Signalhörner sowie Lüftungsgitter sauber nachgebildet. Dem Vorbild entsprechend geschwärzte Einholm-Stromabnehmer des Typs Dornier DSA 350SEK (Fa. Sommerfeldt) ermöglichen echten Oberleitungsbetrieb.
Optisch hervorragend gestaltet ist auch die Frontpartie mit den Scheinwerfern und deren Abdeckungen. Die mit Fahrtrichtung wechselnde Dreilicht-Spitzenbeleuchtung weiß/rot ist spannungsabhängig. Das rote Schlußsignal

Eine Brückenbelastungsprobe mit den fünf schwergewichtigen Standard-H0-Modellen der Firmen Märklin, Roco, Trix, Fleischmann und nochmals Roco (von links nach rechts) auf der Anlage von Dr. Klein

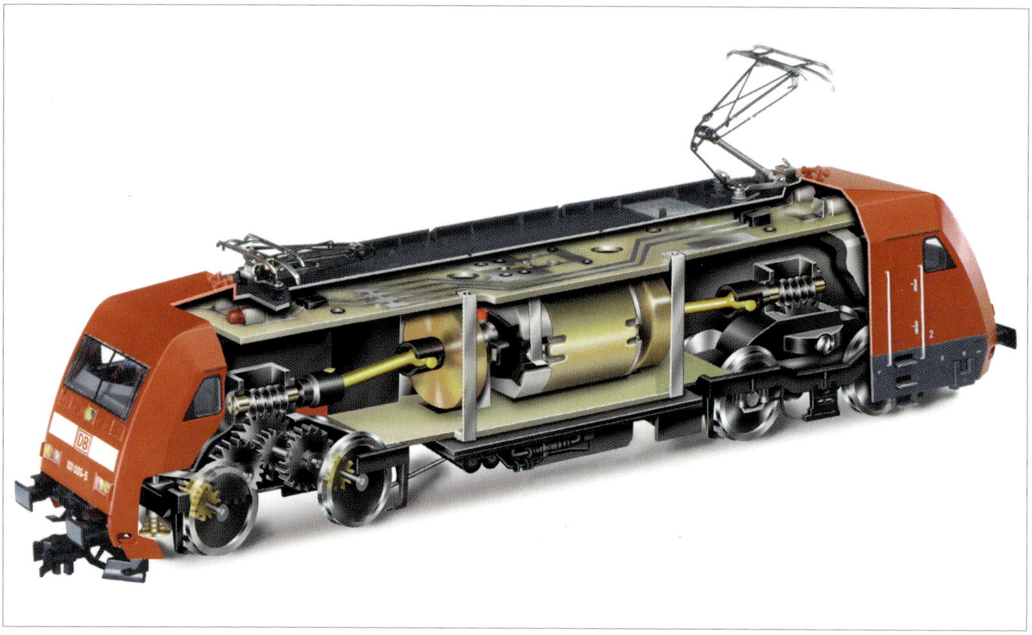

Das Antriebskonzept des Fleischmann-H0-Modells der 101 005-7

erscheint richtig in den außen liegenden Scheinwerfern.
Die mehrfarbige Beschriftung in weiß, gelb und rot sowie schwarz entspricht dem Vorbild; das DB-Emblem fällt etwas blaß aus. Das Herstellerfeld „ADtranz" ist – nicht ganz korrekt – weiß beschriftet auf schwarzem Grund.
Märklin und **Trix** haben als Basis für ihre zahlreichen Varianten die Vorbild-Lok mit der etwas weniger auffälligen orientrot/quarzgrauen Farbgebung gewählt. Neben den Standard-Ausführungen für 3-L-Wechsel- und 2-L-Gleichstrom-Betrieb gibt es bei Märklin auch höherpreisige Modelle mit Digitalem Hochleistungs-Motor und digital steuerbaren Lichtschalt- und Lichtwechsel-Funktionen.
Märklin und Trix stellen – der Haustradition folgend – Lokgehäuse und Chassis aus Metall-Druckguß her. Drehgestellteile und der Längsträgerrahmen bestehen aus Kunststoff.
Auch bei dieser Fertigungstechnik ist die Detaillierung von Lokkasten, Dach, Längsträger und Schürzen sowie vieler Details hervorragend. Die Metall-Griffstangen an den Führerhaus-Aufstiegen und die Rangierergriffe an den Frontseiten sind angesetzt und wie die Türgriffe farbig ausgelegt. Die Führerhaus-Aufstiege sind bis unter die Längsträger geführt, im oberen Teil jedoch nicht durchbrochen. An den Frontschürzen fehlen die unteren Rangierertritte; die oberen Tritte sind massiv ausgeführt.
Die Führerstände sind sauber verglast, mit Rahmen und Inneneinrichtungen versehen, aber ohne Lokführer. Die gut wirkenden Scheibenwischerarme sind komplett am Fensteransatz angraviert.
Auf dem Dach sind weitgehend vorbildentsprechende, teilweise geschwärzte Einholm-Pantographen DSA 350SEK für echten Oberleitungsbetrieb angebracht, dazu die Signalhörner, etwas zu große Hochspannungs-Durchführungen,Überspannungsableiter mit ihren Isolatoren – jedoch keine Leitungen – sowie zu große Bahnfunk-Antennen vorhanden.
Die Frontscheinwerfer-Partie ist hervorragend gestaltet, und die Dreilicht-Spitzenbeleuchtung bietet mit weißen und roten Leuchtdioden konstante Helligkeit bei allen Geschwindigkeiten. Die Digital-Version gestattet zusätzlich die Schaltung des Spitzenlichtes sowie über Zusatzfunktion eine Zuschaltung der vorderen und hinteren Fernscheinwerfer.
Die mehrfarbige Beschriftung ist weiß, gelb, rot und schwarz ausgeführt, sehr präzis; das Herstellerfeld „ADtranz" ist weiß auf schwarzem Grund aufgebracht.
Wie aus der Tabelle hervorgeht, waren bzw. sind außerdem zur Zeit auch limitierte Sonder-Modelle im Angebot, die nicht zuletzt auf ein reges Interesse bei Sammlern stoßen.
Das erste 1997 aufgelegte und nur bei Märklin geführte Sondermodell „ADtranz" repräsentierte eine lediglich auf dem Zeichenbrett existierende Design-Studie des Herstellers mit der Nummer 101 001-6. Das Gehäuse ist überwiegend weiß lackiert, die Führerhausfronten teilweise orientrot und die Führerhausseitenwände mit einem parallel zur geneigten Front der Lokomotive verlaufenden orientroten Streifenmuster versehen.
Die zweite Sondermodell-Produktreihe 1998 von Märklin und Trix ist der zur Zeit äußerlich umgestalteten Vorserien-Lok 101 001-6 nachgebildet. Anläßlich des 10jährigen Bühnen-Jubiläums des Andrew-Lloyd-Webber-Musicals „Starlight Express" des Theaters Bochum sind H0-, aber auch N- und Z-„Kunst-Lok"-Modelle mit dunkelblau/dunkel- bzw. hellgrauer Farbgebung und auf den Längsseiten mit Farbabbildungen von zwei Musical-Hauptfiguren versehen worden. Ferner sind eine mehrfarbige, sehr sauber ausgeführte Beschriftung an der Dachpartie, an den Längsträgern und der rote Schriftzug „Märklin" sowie DB-Embleme an den Führerständen angebracht.
Zur Spielwaren-Messe 1999 planen Märklin und Trix als weitere Sortimentsergänzung die Fertigung neuer H0-Modelle der 101 008-1 in Serien-Standardfarbgebung und in den gewohnten Ausstattungsvarianten mit veränderter Lüfteranordnung.
Bei **Roco** ist man besonders stolz darauf, daß man z. Zt. als einziger Hersteller zwei unter-

schiedliche Vorbilder, nämlich die Prototyp-Lok und eine Serien-Maschine in originalgetreuer Detaillierung und Lackierung anbieten kann. So hat Roco eine der 101 001-6 in orientrot/quarzgrauer Farbe und eine der 101 004-0 entsprechende H0-Lok – mit sonst gleicher technischer Ausstattung – aber in verkehrsrot/basaltgrauer Farbgebung im Katalog. Außerdem findet der H0-Modelleisenbahner bei Roco eine weitere Beschriftungsvariante mit der Lok-Nummer 101 013-1 als Zuglok in der Zusammenstellung mit einer IC-Wendezug-Einheit.
Markant ist neben den unterschiedlichen Lackierungen beider Roco-Lokgehäuse, ihrer Dächer und Schürzen auch die farbliche Anpassung von Details auf den Dächern, der Sandkästen, Signalhörner, Führerstände und Lüftergitter. Ferner waren beim Übergang vom Prototyp zum Serien-Nachbild auch noch Formänderungen an den Gehäusen selbst erforderlich. Diese betrafen hauptsächlich die in der Dachschräge vorhandenen Lüftergitter. Ebenso mußten Anzahl und Länge der Einteilungen an den Abdeckungen der Längsträger sowie Gravuren im Bereich der Unteransicht neu konstruiert werden.
Roco hat für die H0-Modelle die firmentypische, feindetaillierte Gehäusebauweise aus Kunststoff gewählt. Die Gravuren an den Lokkästen sind sauber ausgeführt. Feine Griffstangen aus Metall liegen bei und müssen – wie bei Roco meist üblich – montiert werden. Auffällig ist, daß die Führerhaus-Aufstiege zwar extra eingesetzte Trittstufen aufweisen, aber zu Gunsten eines guten Bogenlaufs an der Längsträgerunterkante enden. Ebenso fehlen freistehende Rangiererstufen unter den Frontschürzen. Beide Führerstände sind eingerichtet; Führerstand 1 ist mit einem Lokführer besetzt. Die Verglasung mit Rahmen ist sauber eingepaßt, die Scheibenwischer sind an die Frontscheiben angegossen und über diese – zur Vermeidung einer Trennfuge zwischen Gehäuse und Scheibe – weitergeführt.
Auf dem Lokdach sind vorbildentsprechende geschwärzte Stromabnehmer DSA 350SEK montiert, die Oberleitungsbetrieb gestatten. Signalhörner, Bahnfunk-Antennen, Hochspannungs-Durchführungen, Überspannungsableiter mit Isolatoren und Leitungen sind ebenfalls sehr fein und vollständig nachgebildet.
Die Frontscheinwerfer-Partie ist optisch ansprechend gestaltet. Mit Fahrtrichtungswechsel erfolgt auch der spannungsabhängige Lichtwechsel der Dreilicht-Spitzenbeleuchtung weiß/rot. Die Position der innen anzeigenden Rotleuchten ist nicht vorbildentsprechend.
Die Beschriftung beider Gehäuse ist mehrfarbig weiß, gelb, schwarz und sehr präzis und vorbildgerecht ausgeführt. Bemerkenswert ist auch das einzig bei Roco richtig wiedergegebene Herstellerfeld „ADtranz" in silberner Schrift auf schwarzem Grund.
Eine weitere, für Modellbahner sicher hochwillkommene Ergänzung des Roco-Sortiments wird die für 1999 bereits angekündigte „Metropolitan"-Lok 101 130-2 mit silber/grauer Farbgebung, angepaßter Beschriftung und mit dem „Metropolitan"-Schriftzug darstellen.

Fahrgestelle, Antriebe, Kupplungsvorrichtungen

Bei **Fleischmann** sind die Drehgestellblenden zwar etwas flacher als beim Vorbild gestaltet, aber sehr detailliert. Ebenso sind die Gehäuse der Fahrmotoren sehr präzis graviert und an richtiger Stelle hinter den Radflächen positioniert. Auch am Lokboden oder den Drehgestellen angebrachte Details wie Indusi-Magnete, das Bodenradar oder die hinter den Schienenräumern befindlichen Antennen für die Linien-Zugbeeinflussung sind perfekt nachgeformt. Gleiches gilt für weitere Baugruppen am Lokboden, wie den eingebauten Trafo, die beiden quer angeordneten Hauptluftbehälter sowie die exakt in Radebene ausgerichteten Sandfallrohre. Ferner sind die Zug- und Druckstangen für die Drehgestell-Anlenkung sehr fein nachgebildet und vorbildgerecht an den Drehgestellen angelenkt.

Fleischmann hat erstmals bei diesem H0-Modell das Prinzip eines längs eingebauten Mittelmotors mit Antrieb von allen vier Achsen realisiert. Ein fünfpoliger Bühler-Motor mit zwei Messing-Schwungmassen ist in einem schweren Druckgußrahmen gelagert. Über Kardanwellen, Schnecken- und Zahnräder wird die Kraft übertragen. Alle Räder, die geschwärzt und wechselweise mit nachgebildeten Anlenkungen des Kardanantriebs für die Kraftübertragung vorbildgerecht versehen sind, werden zur Stromaufnahme herangezogen. Die Stromversorgung läuft über eine Platine mit Lötanschlußstellen für die FMZ. Auf zwei Räder sind Haftreifen aufgezogen.
Das Modell ist mit Normschacht nach NEM 362, Profi-Kurzkupplung mit Vorentkupplung und echter Kupplungs-Kinematik, d. h. Anlenkung der Zugvorrichtung am Lokgehäuse ausgestattet. Bremsschläuche und Hakenkupplungen sind nicht vorhanden.
Märklin und **Trix** haben bei der – ansonsten recht detailreichen – Gestaltung der Drehgestellblenden und Fahrmotoren deutliche Kompromisse wegen der geforderten Bogenläufigkeit für kleinste Radien getroffen. So fallen vor allem die bis in die äußere Radebene verlegten, flach ausgeführten Nachbildungen der Antriebsmotoren ins Auge. Die brünierten Räder weisen abwechselnd die charakteristischen Anlenkungen des Vorbild-Kardanantriebs auf. Die Zug- und Druckstangen sind richtig an den Drehgestellen angelenkt. Im übrigen wirkt die Unterseite der Märklin- und Trix-Modelle etwas einfacher gestaltet. Einige Details, wie z. B. der Trafo oder die zwei Hauptluftbehälter am Lokboden sind halbreliefförmig ausgebildet.
Die Standard-Märklin-Modelle mit Delta-Elektronik sowie die Trix-Modelle sind mit einem dreipoligen Trommelkollektor-Allstrom-Motor ausgestattet, der über ein Stirnrad-Getriebe die beiden Achsen eines Drehgestells antreibt. Der digitale Hochleistungsmotor ist dagegen fünfpolig. Die Stromabnahme erfolgt bei den 3-L-Wechselstrom-Loks über den üblichen Mittelschleifer bzw. bei der 2-L-Gleichstrom-Version über drei offen angeordnete Radschleifer. Zwei Räder sind bei Märklin und Trix mit Haftreifen versehen. Zur gesamten Stromversorgung ist eine Platine vorhanden.
Die Märklin-Modelle sind mit an den Drehgestellen angelenkten Kupplungsvorrichtungen mit NEM-Normschacht und Märklin-Kurzkupplung und die Trix-Modelle mit Trix-International-Kupplung ausgestattet.
Auch **Roco** hat bei der Drehgestell- und Lokunterseiten-Gestaltung zur Erzielung einer guten Bogenläufigkeit Kompromisse gewählt. So fällt besonders auf, daß die Oberteile der Kunststoff-Drehgestelle stark gekappt sind. Sichtbare Teile, wie z.B. Indusi-Magnete, Schienenräumer, Bodenradar, die Hauptluftbehälter und der Trafo sind weitgehend freistehend und gut nachgeformt. Die Sandfallrohre liegen aber deutlich vor den Rädern, und die Fahrmotoren sind nur „blockförmig" angedeutet. Alle geschwärzten Räder dienen zur Stromaufnahme beim 2-L-Gleichstrom-Modell und weisen keine Befestigungen der Anlenkungen des Vorbild-Kardanantriebs auf. Zwei Räder haben Haftreifen. Die Zug- und Druckstangen der Drehgestell-Anlenkungen sind zwar schön nachgebildet, aber fest am Lokboden angebracht.
Für beide Modelle hat Roco den bewährten fünfpoligen, schräggenuteten und dynamisch gewuchteten Motor in einen Druckguß-Rahmen als Antrieb eingebaut. Zwei feingedrehte Messing-Schwungmassen auf der Motorwelle gewährleisten hohe Zugkraft, seidenweichen Lauf und Auslauf. Über Kardanwellen, Schnecken- und Zahnräder erfolgt die Kraftübertragung. Bei den 2-L-Gleichstrom-Modellen sind alle vier, bei der 3-L-Wechselstrom-Version drei Achsen angetrieben. Die Stromversorgung läuft über eine oberhalb des Motors angebrachte Schaltplatine, die auch eine serielle Digital-Schnittstelle zum Einstecken eines Digital-Decoders aufweist.
Die Pufferbohlen können einzig bei Roco vorbildgerecht mit beigelegten Bremsschläuchen, Hähnen und Hakenkupplungen aufgerüstet werden. Die Kupplungsführungen sind an den Drehgestellen angelenkt; die Kupplungs-

schächte entsprechen der NMRA-Norm. Roco-Kurzkupplungen sind eingebaut und Austausch-Kupplungen liegen bei.

Vergleich der H0-Modelle

Zunächst kann allen H0-Modellen eine sehr hohe Genauigkeit bei der Umsetzung in den Maßstab 1:87 bescheinigt werden. Es gibt – wenn überhaupt – nur hier und da bei Details kleinste Abweichungen.

Fleischmann hat das Vorbild optisch insgesamt hervorragend nachgebildet und mit überraschend vielen Details versehen. Mit Ausnahme fehlender Bremsschläuche und einer alternativen Hakenkupplung gilt unter Kennern das Fleischmann-H0-Modell der 101 005-7 mit dem Lok-Gehäuse aus Kunststoff als die rundum am besten gelungene Wiedergabe ihrer Vorbild-Lok. Auch hat das Fleischmann-Modell dank der neuen Antriebstechnik mit Mittelmotor, Schwungmassen und Antrieb auf alle Achsen – trotz seines unter den Konkurrenz-Modellen liegenden Gesamtgewichtes – von den Fachtestern herausragende Fahr- und Zugeigenschaften in allen Geschwindigkeitsbereichen bescheinigt bekommen. Preislich liegt das außerordentlich ansprechende Fleischmann-H0-Modell mit dem schmalen Angebot von „nur zwei Varianten" im Mittelfeld.

Märklin und **Trix** bieten mit ihren bis Ende 1998 verfügbaren acht Varianten, von denen die „ADtranz"-Version bereits vom Markt verschwunden ist, die zur Zeit umfang- und farbenreichste H0-Modellpalette – einzig basierend auf dem Vorbild der 101 003-2 – an.

Auch in den H0-Modellen von Märklin und Trix ist das Vorbild weitgehend hervorragend getroffen. So überzeugt vor allem die präzise Ausgestaltung der Lok-Gehäuse in Metall-Druckguß. Im Bereich der Drehgestelle sind jedoch aus Gründen einer guten Bogenläufigkeit Kompromisse erforderlich, die von den Modellbahn-Fans dieser Marken eben akzeptiert werden müssen. Den Märklin- und Trix-H0-Modellen werden in Vergleichs-Tests – trotz des firmentypischen Antriebs auf nur zwei Achsen – aufgrund des hohen Lok-Gewichtes insgesamt sehr gute Fahr- und Zugeigenschaften in allen Bereichen, allerdings aber auch ein relativ lautes Fahrgeräusch bestätigt.

Abhängig von der technischen Ausrüstung liegen alle Märklin- und Trix-H0-Modelle in der Standard- und erst recht in der gehobenen Märklin-Ausstattung mit digitalem Hochleistungs-Motor und Zusatz-Schaltfunktionen im oberen Preisband.

Roco offeriert – derzeit noch als einzige Firma – zwei wirklich unterschiedliche H0-Loks, die den beiden Vorbildern 101 001-6 und 101 004-0 nachgestalteten und sehr ansprechenden Modelle mit Lokgehäusen aus Kunststoff. Der Modellbahnfreund kann damit – ohne eigene Änderungen – auf seiner Anlage sofort vorbildgerechten Doppeltraktions-Betrieb darstellen. Die aufgrund ihrer Antriebstechnik mit vorzüglichen Lauf- und Zugeigenschaften ausgestatteten Roco-Modelle sind zwar im Fahrgestell-Bereich aus Gründen guter Bogenläufigkeit ebenfalls nicht superdetailliert, liegen aber auch mit der Standard-Ausführung in der günstigsten Preisklasse aller H0-Angebote.

N- und Z-Modelle

Deutlich übersichtlicher ist die ebenfalls in der Tabelle zusammengestellte, vergleichsweise schmale Angebotspalette auf dem N- und Z-Sektor wiederzugeben. Hier findet der Modellbahner nur N-Modelle von Fleischmann, Trix und Roco, und für die Spur Z ist Märklin einziger Hersteller von zwei mini-club-101-Loks.

Fleischmann hat für sein N-Modell ebenfalls die Vorbild-Lok 101 005-7 mit Serien-DB-Lackierung gewählt und sich – wie bei der Gestaltung des H0-Modells – sehr viel Mühe mit der Detaillierung des sauber gravierten Kunststoff-Gehäuses und des Fahrgestells gegeben. Ebenso fallen insbesondere die sehr präzise Verglasung der Führerstände mit Inneneinrichtung, die unter die Längsträger geführten Führerstandsaufstiege, Tritte auf den Puffern und die Rangierertritte unter den Frontschürzen ins Auge. Das Dach ist mit sehr fein gestalteten,

Die 101 001-6 als „Kunst"-Lok fährt Reklame für das Musical „StarlightExpress"

völlig geschwärzten Einholm-Pantographen für echten Oberleitungsbetrieb versehen und weist alle Details auf.

Auch die Lokunterseite und Drehgestelle sind durch eine weitgehend vorbildentsprechende Detailausbildung, d. h. der Nachbildung von Schienenräumern, Fahrmotoren, Sandfallrohren, Trafo, Indusi, Bodenradar etc. außerordentlich ansprechend gestaltet. Die Zug- und Druckstangen sind ebenfalls vorhanden, enden aber fälschlicherweise freistehend vor den Drehgestellen. Die geschwärzten Räder weisen sogar abwechselnd die nachgebildeten Anlenkungen des Vorbild-Kardanantriebs auf.

Das N-Modell ist mit fahrt- und geschwindigkeitsabhängiger Dreilicht-Spitzenbeleuchtung ausgestattet. Die Beschriftung ist sehr präzis und mehrfarbig, das Herstellerfeld „ADtranz" silberfarbig auf schwarzem Grund.

Der in einem Metall-Druckgußrahmen mittig gelagerte Motor ist mit Schwungmasse versehen und überträgt seine Kraft über Kardanwellen, Schnecken- und Zahnradgetriebe auf alle vier Achsen. Zwei der Räder sind mit Haftreifen ausgestattet. Das Modell weist eine echte Kulissenmechanik für die Profi-Kurzkupplung Nr. 9545 auf.

Roco bietet auch im N-Sektor zwei verschiedene Vorbild-Modelle an. So sind die Prototyp-Lok 101 001-6 und die Serien-Lok 101 004-0 in unterschiedlicher Lackierung der Kunststoff-Gehäuse verfügbar.

Bei beiden Roco-N-Modellen sind typische Konstruktionsunterschiede bei der Gehäuse-Ausstattung und Lackierung herausgearbeitet. Die Griffstangen an den Führerhausaufstiegen sind angespritzt und farblich ausgelegt. Die unteren Trittstufen an den Führerhausaufstiegen fehlen hier aus Gründen der Bogenläufigkeit ebenso wie freistehende Rangierertritte unter den Frontschürzen. Die Führerstände sind aus Platzgründen nicht eingerichtet, die Fenster sind jedoch sauber verglast und mit Rahmen versehen.

Das Dach ist hervorragend gestaltet und detailliert. Die völlig geschwärzten Einholm-Stromabnehmer sind sehr fein ausgeführt und für Oberleitungsbetrieb ausgelegt.

Die Scheinwerferpartie ist ansprechend dem Vorbild nachgestaltet, mit wechselnder Dreilicht-Spitzenbeleuchtung, aber nicht mit roter Schlußsignalbeleuchtung ausgestattet.
Die Beschriftung ist vorbildentsprechend, sehr präzis und mehrfarbig ausgeführt sowie das Hersteller-Feld „ADtranz" weiß auf schwarzem Grund gedruckt.
Drehgestelle und Nachbildungen der Fahrmotoren sowie die gesamte Lokunterseite sind teilweise relativ einfach gehalten. Die geschwärzten Räder weisen keine Nachbildung der Anlenkungen der Kardanantriebe zur Kraftübertragung auf. Zwei Räder sind mit Haftreifen versehen.
Der fünfpolige schräggenutete Roco-Mittelmotor sitzt in einem Druckgußrahmen und ist mit zwei kleinen Messing-Schwungmassen bestückt. Über Kardanwellen, Schnecken- und Zahnrad-Getriebe erfolgt die Kraftübertragung auf alle vier Achsen. Zur Stromabnahme werden alle Räder herangezogen. Die Stromversorgung läuft über eine Schaltplatine, auf der eine Schnittstelle für Digitalsteuerung vorhanden ist.
Die Pufferbohlen liegen bei den Roco-N-Modellen etwas zu hoch. Die Kupplungsvorrichtungen sind mit N-Standard-Kupplungen versehen und an den Drehgestellen angelenkt.
Für das **Minitrix**-Sortiment wurde auf der Spielwaren-Messe 1997 ein der Vorbild-Lok 101 002-4 entsprechendes Modell angekündigt und dann auch im Katalog offeriert. Diese Lok wurde jedoch nicht ausgeliefert. Dafür bietet Trix jetzt seit 1998 eine Sonderserien-„Kunst-Lok" der 101 001-6 als „Starlight Express" entsprechend dem Trix-H0-Modell an.
Das vielfarbig und präzis bedruckte Kunststoff-Gehäuse ist sehr gut nachgestaltet und das Dach mit Details und geschwärzten Einholmstromabnehmern für richtigen Oberleitungsbetrieb ausgestattet. Der Lokboden ist mit den wichtigsten Vorbild-Details zum Teil freistehend versehen. Die Zug- und Druckstangen der Drehgestell-Anlenkung sind vorbildentsprechend nachgeformt, aber am Lokboden befestigt.
Der in einem Druckgußrahmen gelagerte Motor mit zwei Schwungmassen treibt alle vier Radsätze an. Eine digitale Schnittstelle ist vorhanden. Zwei der Räder weisen Haftreifen auf. Die Dreilicht-Spitzenbeleuchtung wechselt mit der Fahrtrichtung. Das Modell ist mit N-Standard-Kupplungen ausgerüstet.
Als Spur-N-Neuheit weist Trix nunmehr auch eine dreiteilige IC-Wendezugeinheit zusammen mit der 101 004-0 aus.
Für die Spur Z hat **Märklin** seit Herbst 1997 zunächst ein mini-club-Modell der 101 003-2 mit Kunststoff-Gehäuse in der Vorserien-Farbgebung und seit 1998 ein Sondermodell der 101 001-6 mit der „Starlight Express"-Ausstattung auf den Markt gebracht.
Beide Z-Modelle sind relativ einfach gestaltet und weisen mit Ausnahme der nicht komplettierten Dachpartie mit überdimensionierten Isolatoren und blanken Stromabnehmern insbesondere am Lokboden keine weiteren typischen Details am Kunststoffgehäuse und Metalldruckguß-Fahrgestell auf. Die seitlichen Führerhaus-Fenster sind vereinfacht. Freistehende Rangierertritte fehlen ebenso wie die Führerhaustritte unterhalb der Längsträger.
Die Lackierung der Lokgehäuse ist vorbildentsprechend und die Beschriftung überwiegend einfarbig weiß; nur das „Starlight Express"-Modell ist deutlich aufwendiger und vielfarbig bedruckt.
Die Dreilicht-Spitzenbeleuchtung und die rote Schlußbeleuchtung mit wartungsfreien Dioden wechseln mit der Fahrtrichtung. Echter Oberleitungsbetrieb ist möglich. Der Antrieb erfolgt auf beide Drehgestelle. Auffällig sind die blanken Radreifen. Das Modell ist mit einer Kinematik für Kurzkupplung ausgerüst.

Vergleich der N- und Z-Modelle

Bezüglich der Lok-Gehäuse-Ausstattung liegen die N-Modelle ebenfalls auf etwas differenziertem Niveau. Die für die H0-Modelle festgestellten firmentypischen Unterschiede

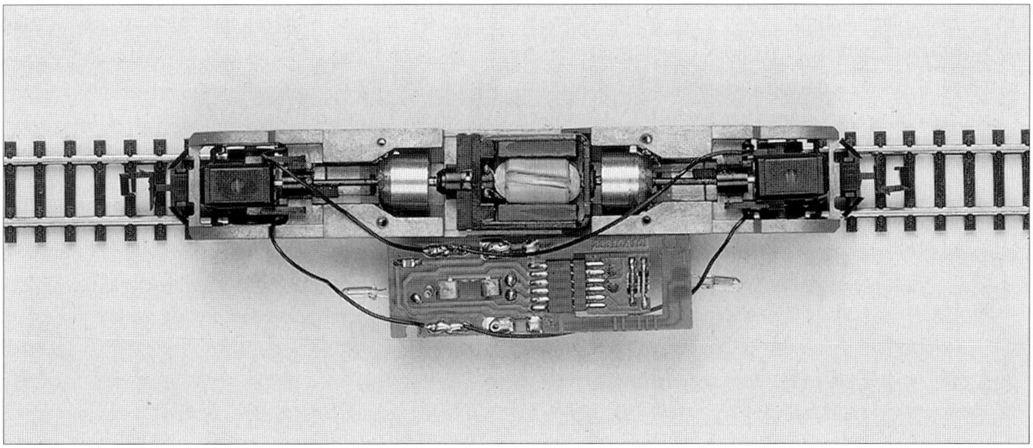

Der Aufbau der Roco-N-Modelle: Fahrgestell, Motor mit Schwungmassen, Kraftübertragung und Platine

treffen auch hier weitgehend zu. Sieht man z. B. von nicht vorbildgerecht unter die Längsträger heruntergezogenen Führerhaus-Aufstiegen oder fehlenden Rangierertritten unterhalb der Frontschürzen bei Roco und Trix ab, liegen die Modelle diesbezüglich nahezu gleich mit einem leichten Plus für das Fleischmann-N-Modell.

Etwas größer fallen schon die Unterschiede bei der Gestaltung der Drehgestelle, Räder und Lok-Unterseiten aus. Auch hier wirkt die Durchgestaltung vieler Details bei Fleischmann überzeugender als die wegen besserer Bogenläufigkeit im oberen Bereich gekappten Drehgestelle und eine zum Teil sehr vereinfachte Darstellung der Fahrmotoren bei den Fabrikaten der beiden anderen Herstellern. Etwas störend fallen die bei Fleischmann frei endenden und nicht an den Drehgestellen angelenkten Zug- und Druckstangen ins Auge. Bei Roco und Trix ist dagegen – allerdings auch nicht vorbildgerecht – eine feste Anbringung am Lokboden gewählt worden.

Fahr- und Zugeigenschaften wurden für die verschiedenen N-Modelle bis jetzt nicht vergleichend gemessen. Einzig für das relativ preisgünstige Roco-N-Modell der 101 004-0 liegt ein Test vor. Hierbei werden dem Roco-N-Modell zwar gute Fahreigenschaften, aber ein etwas weniger zufriedenstellendes Zugvermögen aufgrund des „relativ niederen" Gewichtes bescheinigt. Da das Fleischmann-N-Modell mit ähnlicher Antriebs-Technik versehen ist, aber ein um ca. 10 Prozent höheres Eigengewicht aufweist, wäre mit besserem Lauf- und Zugverhalten zu rechnen. Ein in DB-Standard-Farbgebung lackiertes Minitrix-Modell ist zur Zeit nicht mehr im Handel, aber für 1999 in einer IC-Wendezugpackung zu erwarten. Das jetzt nur mit der höherpreisigen Sonderlackierung „Starlight Express" erhältliche Trix-Modell stellt bei ähnlichem Gewicht und vergleichbarer Antriebstechnik einen Sonderfall für N-Modellbahner und Sammler mit einer Vorliebe für Werbe-Aufdrucke dar.

Die beiden Z-mini-club-Modelle von Märklin sind sehr viel weniger schön detailliert und dies insbesondere an der Unterseite der Loks, die eigentlich jegliche typischen Zusatzkomponenten vermissen lassen. Trotzdem wirken diese Modelle insgesamt noch sehr ansprechend, da Lokkasten und Dach weitgehend typkonform gestaltet und lackiert sind. Störend auf den Gesamteindruck wirkt sich die große Öffnung im Dach für die Durchführung der Gehäuse-Befestigungsschraube aus.

Ein Vergleich von Laufeigenschaften ist wegen fehlender Konkurrenz-Modelle nicht durchführbar. Preislich liegen die Z-Modelle – gemessen an den N-Modellen – relativ hoch, brauchen aber verständlicherweise keinen Wettbewerb in ihrer „Klasse" zu fürchten.

Die Modelle der Baureihe 101 (Stand Februar 1999)								
Hersteller Variante	Vorbild-Lok-Nr.	Bestell-Nr.	Lackierung	Betriebs-System	Sonder-Funktionen	LÜP mm	Gewicht g	ca. Preise 1998 DM
Fleischmann								
H0	101 005-7	4355	v.rot/b.grau	2-L-G		219.5	475	245.- – 285.-
	101 006-5	64355	v.rot/b.grau	2-L-G	FMZ/Lichtw.	219.5		345.-
N piccolo	101 005-7	7355	v.rot/b.grau	2-L-G		119	94	195.-
Märklin								
H0	101 003-2	34371	o.rot/q.grau	3-L-W	Delta-Elektr.	219	690	335.- – 360.-
	101 003-2	37371	o.rot/q.grau	3-L-W	Licht schaltb.	219		350.- – 380.-
				Dig. HM.	Fernlicht zus.			
ADtranz	101 001-6	34372	o.rot/q.g./w.	3-L-W	Delta-Elektr.	219		335.-
1997	101 001-6	37372	o.rot/q.g./w.	3-L-W	Licht schaltb.	219		380.-
				Dig. HM.	Fernlicht zus.			
StarlightExpress	101 001-6	34373	dunkelblau	3-L-W	Delta-Elektr.	219	694	360.- – 400.-
	101 001-6	37373	dunkelgrau	3-L-W	Licht schaltb.	219	698	430.- – 480.-
1998			W. Motive	Dig. HM.	Fernlicht zus.			
1999	101 008-1	34374	v.rot/b.grau	3-L-W	Delta-Elektr.			
	101 008-1	37374	v.rot/b.grau	3-L-W	Licht schaltb.			
				Dig. HM.	Fernlicht zus.			
Z mini-club	101 003-2	88680	o.rot/q.grau	2-L-G		86	34	245.-
StarlightExpress	101 001-6	88682	dunkelblau	2-L-G		86	34	300.-
			dunkelgrau					
1998			W. Motive					
Roco								
H0	101 001-6	43740	o.rot/q.grau	2-L-G	Dig. Schnittst.	218	545	190.- – 220.-
	101 001-6	43880	o.rot/q.grau	3-L-W	Dig. Schnittst.	218		240.-
	101 004-0	43741	v.rot/b.grau	2-L-G	Dig. Schnittst.	218	542	190.- – 220.-
	101 004-0	43858	v.rot/b.grau	3-L-W	Dig. Schnittst.	218		240.-
IC-Wendezug	101 013-1	41160	v.rot/b.grau	2-L-G	Dig. Schnittst.	218	542	375.-
Metropolitan	101 130-3	63720	silber/grau	2-L-G	Dig. Schnittst.			
1999	101 130-3	69720	silber/grau	3-L-W	Dig. Schnittst.			
N	101 001-6	23310	o.rot/q.grau	2-L-G	Dig. Schnittst.	118	85	165.-
	101 004-0	23311	v.rot/b.grau	2-L-G	Dig. Schnittst.	118	85	165.-
Trix								
H0	101 003-2	22552	o.rot/q.grau	2-L-G		219		300.- – 350.-
StarlightExpress	101 001-6	22539	dunkelblau	2-L-G		219		380.-
			dunkelgrau					
1998			W. Motive					
1999	101 008-1	22549	v.rot/b.grau	2-L-G				
N Minitrix	101 002-4	12645	o.rot/q.grau	2-L-G	Dig. Schnittst.	118		nicht prod.
StarlightExpress	101 001-6	12657	dunkelblau	2-L-G	Dig. Schnittst.	118	85	265.-
			dunkelgrau					
1998			W. Motive					
IC-Wendezug	101 004-0	11435	v.rot/b.grau	2-L-G	Dig. Schnittst.	118	85	
Tillig								
TT 1999	101 003-2		o.rot/q.grau	2-L-G	Dig. Schnittst.			

Spur 0 und Spur 1

Einzig der Kleinserien-Hersteller Lemaco in der Schweiz hatte zunächst auf der Spielwaren-Messe 1998 in Nürnberg Modelle der Baureihe 101 für die Spurgrößen 0 und 1 angekündigt. Diese Firma ist bekannt für äußerst detailreiche, hervorragend gestaltete und mit ausgezeichneten Laufeigenschaften versehene Präzisions-Modelle mit Messing-Gehäusen aus fernöstlicher Produktion.
Lemaco wird jedoch nach kürzlicher Auskunft von Herrn U. Egger aufgrund der Vielzahl anderer in Abwicklung befindlicher Projekte die Fertigung von Modellen der Baureihe 101 für große Spurweiten erst in einigen Jahren realisieren. Liebhaber derartiger Modelle werden sich also mit Geduld wappnen müssen.

Anschriften der Modellbahn-Firmen

Gebr. Fleischmann
Postfach 910148, D-90259 Nürnberg
Lemaco SA
Chemin du Croset 9 oder Postfach, CH-1024 Ecublenz
Gebr. Märklin & Cie. GmbH
Postfach 860, D-73008 Göppingen
Roco Modellspielwaren
Jakob Auerstr. 8, A-5033 Salzburg
Trix Modelleisenbahnen GmbH & Co. KG.
Postfach 4924, D-90027 Nürnberg
Tillig Modellbahnen
Promenade 1, D-01855 Sebnitz

Fazit

Das große Vorbild der Ellok-Baureihe 101 der Deutschen Bahn AG wird in der Modellbahn-Werbung gern und mit Recht „als Deutschlands modernste Hochleistungs-Lokomotive" oder in der Modellbahn-Fachpresse als „Schnelle Rote" bzw. als „Roter Renner" bezeichnet. Die geradlinige, wenn nicht sogar kantig wirkende Silhouette der 101 mit der ins Auge springenden verkehrsrot/basaltgrauen Farbgebung ist zweieinhalb Jahre nach Vorstellung des Prototyps rasch zum gewohnten Alltagsbild im Regelverkehr bei der DB geworden.
Daher werden mit der Zeit gehende Modellbahn-Freunde, die ein Faible für die moderne Bahn haben, unbedingt ein solches oder vielleicht sogar mehrerer Ellok-Modelle der Baureihe 101 mit unterschiedlichen Betriebsnummern, Farbgebungen und Antriebskonzepten zur Traktion ihrer schnellen Züge einsetzen wollen und müssen.
Diesem Verlangen kommt die Modellbahn-Industrie zumindest für die am weitesten verbreiteten Spuren H0, N und Z in wirklich reichlichem Maß entgegen.
Jedes der bereits käuflichen Modelle weist eine Zahl individuell herausragend gestalteter Details auf, die sich zum Teil bei Konkurrenz-Modellen nicht ganz so liebevoll ausgeführt wiederfinden. So gilt es für den Käufer bei der Auswahl selektiv Licht und Schatten bei der Detailgestaltung sowie den Fahreigenschaften der einzelnen Fabrikate abzuwägen.
Der kritische Kenner fragt sich natürlich, ob im Sinne einer heute sehr preisorientiert agierenden Käuferschaft eine derart breit angelegte Angebotspalette noch sinnvoll und wirtschaftlich zu verkraften ist. Letztlich hat der Fachhandel seine verständlichen Probleme mit Last dieser Angebotsfülle und der damit verbundenen breiten Sortimentshaltung.

Begriffserläuterungen

Bussystem
Mehradrige Sammelleitung zum Daten- und Informationsaustausch zwischen den verschiedenen Systemkomponenten einer Datenverarbeitungsanlage. Diese Leitung, an welche sämtliche Komponenten der Anlage angeschlossen sind, kann als Ringnetz oder als Liniennetz aufgebaut sein. Die Leitung verbindet den Ausgang jeder Komponente mit den Eingängen aller anderen.
Der Datenfluß zwischen den Komponenten erfolgt im Multiplexbetrieb, wobei ein Mikroprozessor Prioritäten festlegt, zwischen welchen Komponenten der Datenverkehr zu erfolgen hat. Die Übertragung der Daten erfolgt digital.

CIR ELKE
Computer **I**ntegrated **R**ailroading, **E**rweiterung der **L**eistungsfähigkeit im **KE**rnnetz.
CIR ELKE ist der Ausdruck des Bemühens der DB, durch signaltechnische Maßnahmen die Leistungsfähigkeit des Bahnnetzes zu erhöhen. Durch Einsatz der Linienzugbeinflussung auf Strecken, welche wegen Höchstgeschwindigkeiten von nur 160km/h diese eigentlich nicht erfordern, kann durch eine von der Aufstellung der Signale unabhängigen Blockteilung eine dichtere Zugfolge und eine Steigerung der Leistungsfähigkeit der Strecke erreicht werden. Diese Technologie wird auf dem Streckenabschnitt Offenburg – Basel erprobt. Um den gewünschten Nutzen auch zu erreichen, müssen alle auf dieser Strecke verkehrenden Triebfahrzeuge mit LZB entsprechender Bauart ausgerüstet sein.

Diagnose
Aus dem Griechischen: „Auseinandererkennen“. Methodische Erforschung von Merkmalen eines Gegenstandes oder auch einer Person, um ihn mit bereits bekannten Begriffen erforschen zu können.

Doppler-Effekt
Frequenzverschiebung von Schallwellen oder elektromagnetischen Wellen bei deren Reflektion an einem bewegten Objekt. Der Effekt, nach dem österreichischen Physiker Chr. Doppler benannt, tritt bei Relativbewegungen zwischen Quelle und Beobachter, resp. Meßgerät, auf. Die Frequenzverschiebung ist der Relativbewegung proportional und kann daher zur Geschwindigkeitmessung herangezogen werden

Drehstrom
Verkettung mehrerer sinusförmiger elektrischer Wechselströme, die gegeneinander phasenverschoben sind. In einem Generator, in dessen Stator mehrere Spulen angebracht sind, wird bei Drehung des Rotors in jeder dieser Spulen eine Wechselspannung induziert. Das technisch wichtigste Mehrphasensystem ist das den Dreiphasenstrom liefernde Dreiphasensystem mit einem Phasenwinkel von 120°.

Drehstromasynchronmotor
Elektromotoren nutzen die mechanischen Kraftwirkungen aus, welche im Magnetfeld auf einen stromdurchflossenen Leiter ausgeübt werden (Lenzsche Regel). Sie bestehen aus einem Stator, welcher ein Magnetfeld erzeugt und einem Rotor, auf welchen, sofern dieser von einem Strom durchflossen wird, ein Drehmoment wirkt. Der Rotorstrom kann durch Schleifringe oder Kommutatoren auf den Rotor übertragen werden, oder aber durch ein wechselndes Magnetfeld des Stators in der Rotorwicklung induziert werden. So werden die Rotoren von Drehstromasynchronmotoren durch Induktion des rotierenden Magnetfeldes des Stators gespeist. Man spricht daher von Induktionsmotoren. Einrichtungen zur Stromübertragung auf den Rotor sind nicht vorhanden. Voraussetzung für die Induktion ist eine von der Synchrondrehzahl abweichende Rotordrehzahl. Diese Drehzahlabweichung von

der Synchrondrehzahl wird als Schlupf bezeichnet und in Prozent angegeben (nicht zu verwechseln mit dem Schlupf der Räder auf den Schienen).
Die einfachste Form von Asynchronmotoren sind Kurzschlußläufermotoren mit Käfigläufer. Wegen ihrer Einfachheit und Betriebssicherheit sowie wegen der günstigen Herstellkosten stellen sie die weitest verbreitete Motorbauart dar. Die Rotorwicklungen bestehen bei diesen Motoren lediglich aus starken achsialen Leiterstäben, die in das Rotoreisen eingelassen und an den Enden durch Leiterringe miteinander verbunden sind, daher der Name Käfig.

Dynamoblech
Blech mit besonders guten magnetischen Eigenschaften und geringen Eisenverlusten.

EBULA
Elektronischer **BU**chfahrplan und **LA** (La – Übersicht der vorübergehend eingerichteten Langsamfahrstellen). Elektronischer Speicher und Anzeige dieser Daten auf der Lok. Die Daten können in einem Festspeicher kurzfristig aktualisiert werden. Dem Lokführer bleibt der Umgang mit relativ viel Papier erspart, und auf der Lok müssen nicht mehr die Fahrpläne für ganz Deutschland mitgeführt werden.

Eisenbahnbundesamt
Als die Deutsche Bundesbahn noch ein staaatliches Unternehmen war, konnte sie die sicherheitsrelevante Aufsicht in eigener Regie wahrnehmen. Seit der Privatisierung der Bahn gibt es das dem Verkehrsministerium angegliederte Eisenbahnbundesamt (EBA) mit Sitz in Bonn. Dieses überwacht als Aufsichtsbehörde alle sicherheitsrelevanten Einrichtungen und Vorgänge der Eisenbahnen in Deutschland. Für die Baureihe 101 besitzt die Firma Adtranz eine Bauartzulassung des EBA. Adtranz muß gegenüber dem EBA für jede einzelne Lok einen Konformitätsnachweis erbringen, mit welchem die Übereinstimmung jeder Lok in technischer Ausführung und in Qualität mit der Bauartzulassung bestätigt wird.

Elektronik
Umfassender Begriff für alle Erscheinungen und Geräte, welche auf den Eigenschaften und dem Verhalten von Elektronen oder Ionen beruhen. Im allgemeinen verwendet man den Begriff Elektronik jedoch nur für solche elektrischen Erscheinungen, die sich durch die Bewegung von Elektronen im Vakuum, in Gasen oder in Festkörpern charakterisieren lassen. In der Leittechnik einer Lokomotive spielen Festkörper die herausragende Rolle.

EP-Bremse
Elektropneumatische Bremse, Druckluftbremse mit elektrischer Ansteuerung. Durch die elektrische Ansteuerung der durchgehenden Druckluftbremse in jedem Wagen wird deren Durchschlaggeschwindigkeit wesentlich erhöht und hierdurch die Bremswirkung ebenso beschleunigt wie vergleichmäßigt. Insbesondere lange Züge können durch diese moderne Bremse mit kürzerem Bremsweg und nahezu ohne Zerrungen im Zuge zum Halten gebracht werden. Als Rückfallebene bei Störungen fungiert die konventionelle pneumatische Ansteuerung. Während die EP-Bremse bei schnellen Reisezügen bereits angewendet wird, steht die Einführung bei Güterzügen noch bevor.

Finite Elemente Methode
Computerorientierte numerische Methode zur Berechnung von mechanischen Spannungen und eventuellen Verformungen an komplizierten, schwer berechenbaren Bauteilen. Das Bauteil wird durch ein Modell aus finiten Elementen, das heißt aus einfachen Bauteilen, ersetzt, deren elastisches Verhalten mathematisch formulierbar ist. Die Rechnungsmethode, die aus dem Flugzeugbau stammt, stellt immer nur eine Näherungslösung dar.

GSM-Funk
GSM = Globalsystem für Mobilfunk

Indusi
Trotz Fortentwicklung nicht mehr ganz zeitgemäße, im Grunde schon 60 Jahre alte induk-

Die 101 036 verläßt mit einem InterRegio von Hamburg nach Frankfurt (Main) Gießen

tive Zugsicherung. Induktive punktförmige Übertragung von Signalstellungen und Gefahrenpunkten auf den Führerstand von Eisenbahnfahrzeugen zur Sicherung der Fahrt und zur Überwachung der Tätigkeiten des Lokomotivführers.

La
Übersicht der vorübergehend eingerichteten Langsamfahrstellen und der Stellen mit besonderer Betriebsregelung oder anderen Besonderheiten. Dieses wöchentlich aktualisierte Heft hat der Lokführer aufgeschlagen im Blickbereich auf der Lok mitzuführen.

Leittechnik
Nach DIN versteht man unter Leittechnik die Gesamtheit aller technischen Mittel, die einen im Sinne festgelegter Ziele erwünschten Ablauf eines technischen Prozesses bewirken. Die technischen Mittel umfassen alle für die Aufgabe des Leitens verwendeten Geräte und Programme, sowie auch Anweisungen und Vorschriften. Im Hinblick auf die zu erreichenden Ziele können Sollwerte und Sollzustände sowie deren Verläufe festgelegt werden. Der im Sinne dieser Ziele erwünschte Ablauf läßt sich durch Eingangs-, Zustands- und Ausgangsgrößen und deren Beziehung untereinander beschreiben.

LZB
Linien**Z**ug**B**eeinflussung. Durch die Einrichtung der LZB werden auf den hiermit ausgerüsteten Strecken Daten zwischen einer Streckenzentrale und dem führenden Fahrzeug ausge-

tauscht. Wesentliche Aufgabe der LZB ist die Zugsicherung, um Einfahrt in besetzte Gleisabschnitte zu verhindern und die zulässige Höchstgeschwindigkeit der Züge zu überwachen. Der Datenaustausch erfolgt redundant und somit signaltechnisch sicher über den im Gleis verlegten, als Antenne fungierenden Linienleiter, sowie die unter dem Fahrzeug angebrachten Sende- und Empfangsantennen. Zentrale und Fahrzeug kommunizieren über sogenannte Aufruf- und Rückruftelegramme mit Trägerfrequenzen von 36 kHz bez. 56 kHz miteinander. Die Wirksamkeit der LZB wird nach dem Ruhestromprinzip im Fahrzeug erkannt, wobei ein Ausfall zur vorhandenen Rückfallebene eines normalen signalgeführten Betriebes führt.

Notbremsüberbrückung
Bei Betätigung der Notbremse im Zug besteht die Möglichkeit, daß der Zug an Stellen besonderer Gefährdung für die Reisenden zum Halt kommt, beispielsweise auf Brücken oder in langen Tunnels. Man sieht das Risiko als kleiner an, wenn eine gewollte Notbremsung durch den Lokführer wieder ausgelöst werden kann und der Zug dann an einer günstigeren Stelle hält. Sowohl Lok als auch Wagen müssen mit der Einrichtung „Notbremsüberbrückung" ausgerüstet sein, welche über ein Adernpaar der UIC-Leitung angesteuert wird. Als Information für den Lokführer dienen orange Streifen an der Kilometertafeln der Strecke.

Option
Bei der Bestellung von Lokomotiven kann der Auftraggeber an den Hersteller über die bestellte Anzahl hinaus eine Option zur Lieferung weiterer Exemplare vergeben. Diese garantiert dem Besteller, bei Einlösung der Option bis zu einem vereinbarten Termin, die Lieferung einer festgelegten weiteren Zahl von Lokomotiven zu den gleichen Bedingungen.

RAL
Reichs**A**usschuß für **L**ieferbedingungen. Gütezeichen für Waren oder Leistungen.

Psophometrisch
Die Auswirkung von Störströmen ist abhängig von ihrer Frequenz. Die Bewertung erfolgt psophometrisch, was gehörmäßig heißt. Mit einem Psophometer, einem Verstärkergerät mit entsprechendem Frequenzgang, kann ein Störstrom unmittelbar gemessen werden.

Redundanz
Erweiterung einer zu übertragenden oder zu speichernden Information durch zusätzliche Kennzeichen (Redundanzzeichen), um bei teilweiser Verstümmelung die Bedeutung oder aber die Fehlerhaftigkeit erkennen zu können. Im Falle der Leittechnik der Lok bedeutet dies die zweikanalige Ausführung aller wichtigen Signale und derer Verarbeitung.

Schlupf
Bei der Übertragung von Kräften zwischen rollenden Rädern und einer Fahrbahn ergeben sich geringfügige Unterschiede zwischen Umfangsgeschwindigkeit des Rades und der Geschwindigkeit des Fahrzeuges über Grund. Diese werden als Mikroschlupf bezeichnet. Zwischen Mikroschlupf und dem völligen Verlust der Haftung, dem sogenannten Schleudern beim Fahren oder Gleiten beim Bremsen, liegt ein Bereich, in welchem der Schlupf gemessen, kontrolliert und zur maximalen Zugkraftübertragung geregelt werden kann. Dieser Bereich wird als Makroschlupf bezeichnet und kann in Prozent bewertet werden.
Bei hoher Zugkraft kann der Makroschlupf bis etwa vier Prozent betragen. Bei einem definierten Makroschlupf kann die Lok ihre größte Zugkraft aufbringen. Bei hoher Zugkraft ist der Makroschlupf der 101 als Resonanz der Räder deutlich zu hören.

Schraubenverdichter
Ein Schraubenverdichter ist eine Zweiwellen-Rotationsmaschine ohne hin und her gehende Teile wie Pleuel und Kolben. Sie arbeitet aber ebenso wie eine Kolbenmaschine nach dem Verdrängerprinzip. Die Luft wird in den Zwischenräumen eines Läuferpaares verdichtet, in

welchem durch fortschreitende Drehung die Zwischenräume verkleinert werden.

Sifa
Sicherheits**fa**hrschaltung. Elekromechanische oder elektronische Einrichtung zur Überwachung der Diensttauglichkeit des Lokführers. Überwachung regelmäßiger Bedienungshandlungen des Lokführers, bei deren Ausbleiben zunächst eine optische, dann eine akustische Warnung, und schließlich eine Zwangsbremsung ausgelöst werden.

Thyristor
Steuerbares Halbleiterbauelement mit mindestens drei Zonenübergängen, das in einen Sperr- und Durchlaßzustand geschaltet werden kann. Mit Thyristoren lassen sich große Leistungen durch kleine Steuerleistungen schalten. Der mit einem Impuls gezündete Thyristor kann einen Strom nicht selbständig abschalten. Bei Wechselstrom allerdings erlischt der Strom beim Nulldurchgang, muß danach wieder neu gezündet werden. Bei GTO-(gate turn off) Thyristoren kann durch einen Steuerimpuls der Stromdurchgang nicht nur ein-, sondern auch ausgeschaltet werden.

UIC-Kabel
UIC = **U**nion **I**nternational des **C**hemins de fer (internationaler Eisenbahnverband). Das UIC-Kabel ist ist eine genormte 18adrige Leitung zur Übertragung von Signalen, Befehlen und Gesprächen zwischen Lok und Zug sowie innerhalb des Zuges. Beispiele sind Türschließbefehle oder Funkgespräche zwischen Zug und Zugleitung. Auch die Steuerung der Notbremsüberbrückung wird über das UIC-Kabel übertragen. Ein weiterer Ausbau zur AiZ (**Au**tomatisierung **i**m **Z**uge) ist vorgesehen.

Wandler
Strom- und Spannungswandler sind Transformatoren, die hohe Spannungen oder Ströme auf niedrigere Werte herabsetzen, um diese für Meßinstrumente, wie z.B. auf den Lokomotivführerständen, zugänglich zu machen.

Zeitmultiplexe Steuerung
Fernsteuertechnik für Lokomotiven über ein Aderpaar des UIC-Kabels mittels digitaler Datentelegramme. Diese werden in einem vorgegebenen, im Millisekundenbereich liegenden Zeitzyklus ausgesendet und abgefragt.

Zulassung durch das EBA
Fahrzeuge, welche auf dem Schienennetz des Bundes verkehren, bedürfen der Prüfung und Zulassung durch das Eisenbahnbundesamt. Für die Zulassung der Fahrzeuge im internationalen Verkehr gelten zusätzlich besonderen Regeln. Das EBA prüft Zulassungsunterlagen unter folgenden Gesichtspunkten:

- Einhaltung der Sicherheit und Ordnung des Eisenbahnbetriebes
- Einhaltung der gesetzlichen Bestimmungen, der technischen Regelwerke, des Brandschutzes und der Unfallverhütungsvorschriften
- Umweltverträglichkeit
- Systemverträglichkeit mit den Bedingungen des Bahnbetriebes.

Nach umfangreichen erfolgreichen Erprobungen, beispielsweise hinsichtlich Bremswirkung, Gleiskräften oder Lauf des Stromabnehmers, wird die Bauaurtzulassung für ein neues Fahrzeug erteilt. Für weitere Exemplare erstellt der Hersteller eine Konformitätsbescheinigung, in welcher die Übereinstimmung dieser Lok mit den geprüften Fahrzeugen bestätigt wird.

Bild- und Quellennachweis

Bildnachweis

ABB Henschel: 31, 32 o., 32 u., 57 o., 61

Adtranz: 49 o., 49 u., 52 o., 52 u., 53 o., 53 u., 56 o., 56 u., 57 u., 60 o., 70 o., 70 u., 71, 73 u., 74, 75 o., 83, 105, 112, 113 o., 114 o.l., 115

BBC: 17 o., 19 o., 19 u., 21 u., 22, 24, 25 u.

Bürger, Gert: 144 o., 149

Fleischmann: 144 u.

Gewerkschaft Deutscher Lokomotivführer: 59, 62, 73 o., 75 u., 80, 82, 91, 93, 96

Heym, Rudolf: 124 o.

Hörstel, Jürgen: 2

Klee, Wolfgang: 28, 128, 129, 133 o., 156

Roco: 142, 151

Rosswog, Werner: 106

SBB: 137

Scheingraber: 10

Schulz, Bodo: 135 o., 135 u.

Siemens: 151 o., 151 u.

Thome, Bernd: 130 u.

Wilhelm, Gerd: 64 o., 130 o., 131 u., 133 u., 134

Alle übrigen Fotos stammen vom Autor Karl Gerhard Baur.

Quellennachweis

Drehstromlokomotive Baureihe 101, Gewerkschaft Deutscher Lokomotivführer, 1997

Systemtechnologie, ABB Henschel, 1993

Die Baureihe 101. In: Eisenbahn-Revue 12/1997

Eisenbahntechnische Rundschau

Der Eisenbahningenieur (versch. Ausgaben)

ZEV/DET Glasers Annalen (versch. Ausgaben)

Verschiedene Firmenschriften von BBC, ABB Henschel, Adtranz

5
DB
101 086-7
5 1